カメの甲羅はあばら骨

～人体で表す動物図鑑～

川崎悟司

SBビジュアル新書

はじめに

私たちの体のいろんな箇所には、それぞれ名前がつけられています。目、口、肘、膝、二の腕、脛、カカト、お尻、太ももなどなど……挙げだすとキリがないほどたくさん出てきます。人間以外の動物も大まかな体の構造は同じですから、人間の体の各部につけられた名前にあたるものは、例外はあるものの動物の体にもあります。

イヌのカカトはどこか？　キリンの肘はどこか？　意外に知らない人は多いのではないでしょうか？　それをわかりやすく伝えるために人間の体を他の動物に変化させたイラストで見せたらどうだろう？　という考えから本書の企画はスタートしています。

動物はみな、それぞれ違う環境のなかで生活しており、その生活環境に適するよう自分の体を変化させてきました。環境に適応できた動物は、その後、子孫を残し繁栄していきますが、そうでない動物はしだいに淘汰されていきました。

この一連の流れが動物の進化で、現在はそれぞれの環境のなかで、それぞれが違う生活をしています。

コウモリは空を飛び、クジラは海中を泳ぎ、モグラは土を掘りますが、たとえば、彼らの手は、その環境に最適な形になっているため、人間の手の形とは異なっています。それは、当然といえば、当然なのですが、本書ではそうした動物たちの体の特徴的な一部分にスポットを当てて、それにあたる人体の一部を変化させていきます。これを通して、動物の体の秘密について迫っていきます。ぜひ最後までお楽しみください。

2019年11月　川崎悟司

Contents

Chapter.2
哺乳類（陸上）

Contents

Contents

Chapter.1

爬虫類
両生類

Reptiles
Amphibians

爬虫類・両生類

カメ

Turtle

私たち人間の胸部には心臓や肺などをカゴのように囲む肋骨（ろっこつ）（あばら骨）がありますが、カメはこれを変形させて、心臓や肺などの重要な臓器だけでなく、緊急時には頭から足まで体全部を包み込めるほど大きく発達させています。

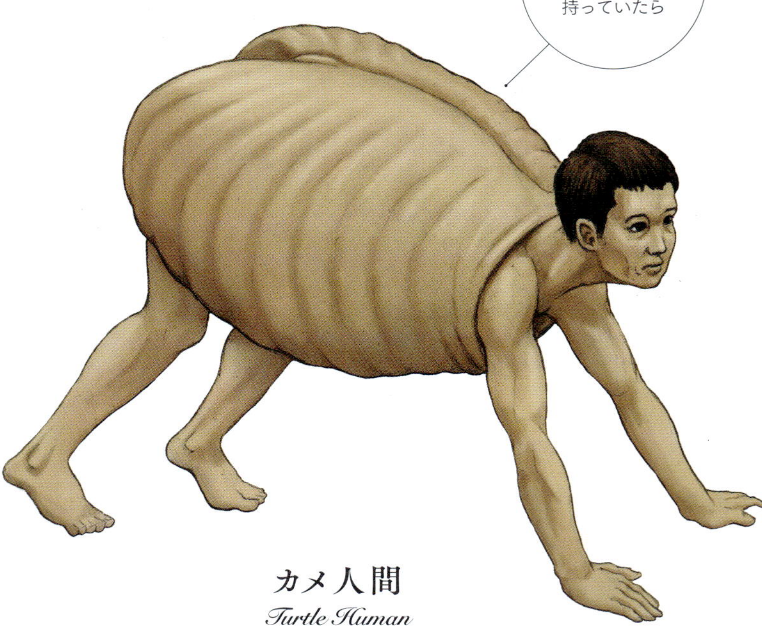

カメ人間

Turtle Human

How to

カメ人間の作り方

リクガメ

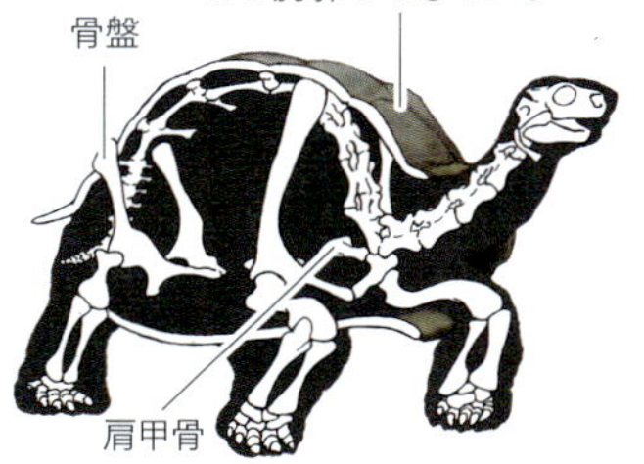

リクガメの骨格

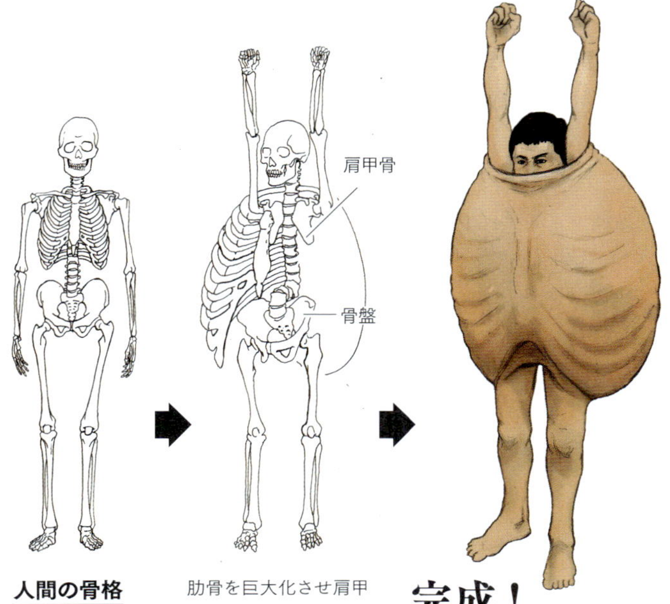

人間の骨格

肋骨を巨大化させ肩甲骨と骨盤を包み込む

完成！

型破りな骨格構造

カメの甲羅は肋骨（あばら骨）と背骨がくっついて、板のようになったもので､これを「骨甲板」といいます。その表面をコーティングするように薄い板状になった鱗が覆っていて、これを「角質甲板」といいます。カメの甲羅はこの骨甲板と角質甲板の2層構造になっています。甲羅には継ぎ目があるため、継ぎ目に強い衝撃を与えると割れてしまいそうですが、骨甲板と角質甲板はそれぞれの継ぎ目が違うため、割れる心配はなく、甲羅の強度が高くなっています。図❶

カメはそのほとんどが骨でつくられた装甲を持ちますが、これは他の動物には見られない構造です。カメと同じく硬い装甲を持つ動物にはワニやアルマジロなどがいます。しかし、ワニやアルマジロなどの装甲は皮膚の中から発生した皮骨でできてており、骨とは別物でカメの甲羅とは根本的に異なるものです。図❷

また、カメの甲羅は肋骨が変形してできたものですが、私たちの体は肋骨の外側に肩甲骨があり、これは他の動物も同じです。しかし、カメは肋骨が甲羅となっているため、肋骨の外側に肩甲骨は見当たりません。

実はカメは甲羅の中に肩甲骨を持っています。つまり、肋骨の内側に肩甲骨があるという他の動物とは逆の骨格構造をしているのです。図❸

図❶

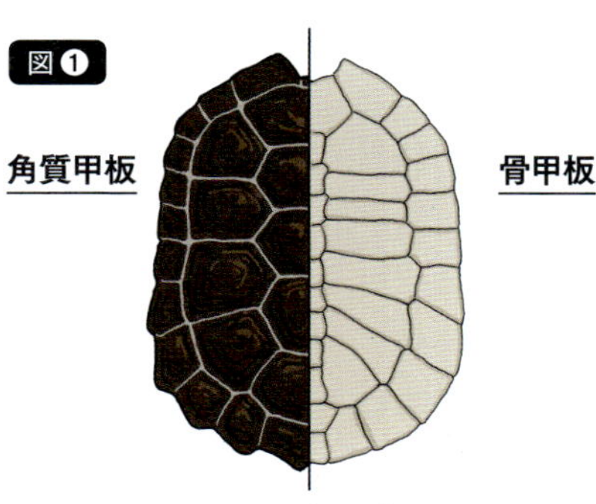

それぞれの継ぎ目が違うため
甲羅の強度が増している

図❷

カメの甲羅の断面

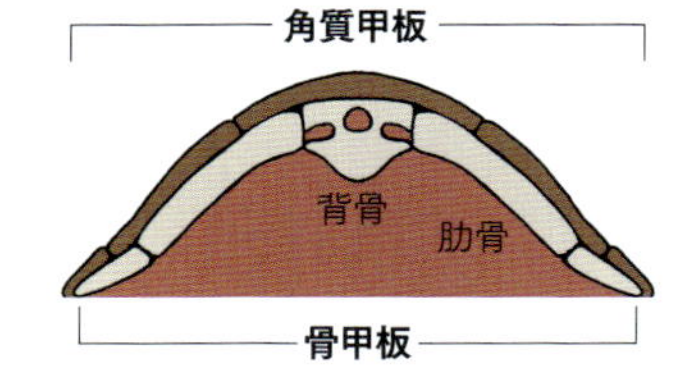

アルマジロの甲羅の断面

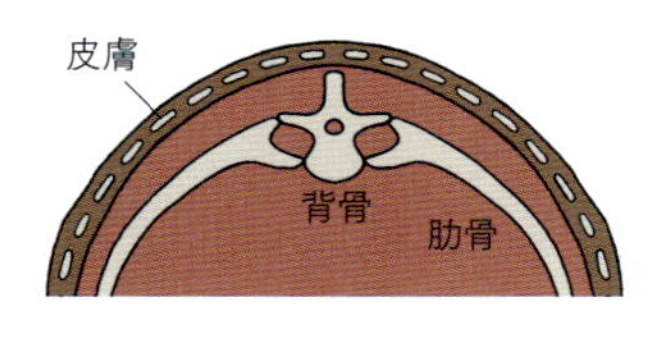

図❸

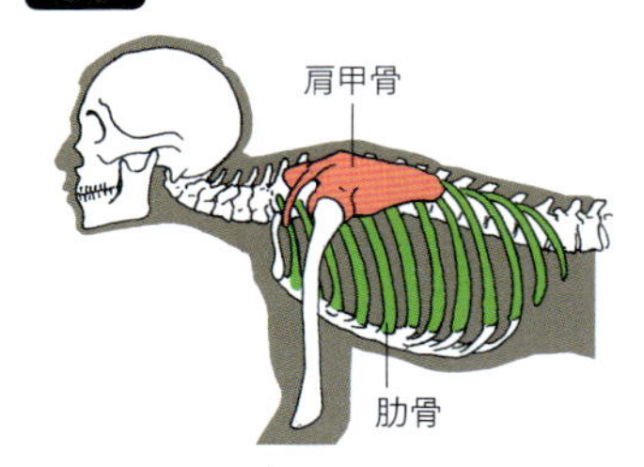

カメ以外の動物は
肋骨の外側に肩甲骨がある

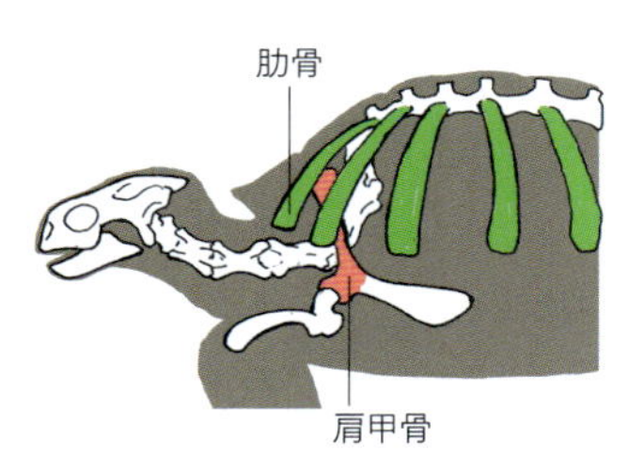

カメは肋骨の内側に
肩甲骨が入り込んでいる

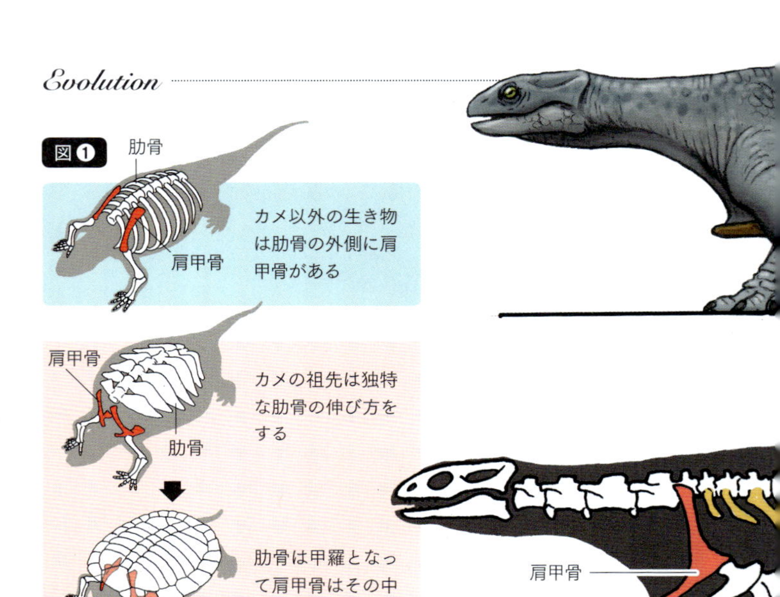

独特な肋骨と肩甲骨

なぜ、肋骨（甲羅）の内側に肩甲骨があるという他の動物には見られない骨格構造をしているのでしょうか。理化学研究所でハツカネズミの胎児とニワトリやカメの卵の中の胎児が成長する過程を比較した研究がされました。最初はニワトリ、ハツカネズミとおなじように、カメの胎児は肋骨の外側に肩甲骨がありましたが、後にカメの胎児だけは、肩甲骨が肋骨の内側に移動し、肋骨が甲羅に変化していたことが観測されました。どうやらカメの進化の特徴は独特な肋骨の伸び方にあるようです。普通、肋骨は背中側にある背骨から胸や腹側のほうへ曲がりながら伸びています。しかしカメは、進化の過程で肋骨は横方向へ伸びていき、肩甲

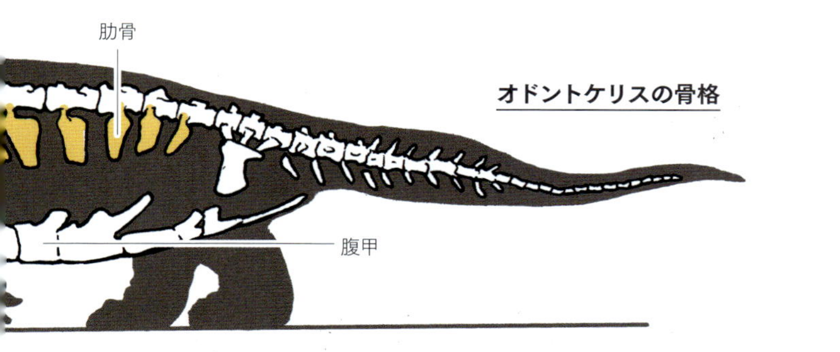

骨は肋骨の下側に位置するようになっていったようです。図❶

それを裏付けるカメの化石も発見されています。2008年11月に約2億2000万年前に生息していたと見られるオドントケリスという原始的なカメの化石が発表されました。図❷

このカメは背甲（背中側の甲羅）が不完全で、腹側のみ甲羅があるという変わった姿をしていましたが、背中側の肋骨は横方向に伸びて、甲羅を形づくる兆候をみせていました。そして肩甲骨は肋骨の前方に位置していました。おそらく、のちに進化したカメはその肋骨が扇状に広がり、前方にあった肩甲骨に覆いかぶさるように甲羅を形成したものと考えられています。

カエル

Frog

カエルは大きく飛び跳ねて移動することに適応しています。適応の１つとしてカエルの後足があげられますが、太もも、脛（すね）、足の裏の長さが、おおよそ同じ長さになっています。その後足をバネが縮まるようにZ字の形に曲げ、各関節を順番にピンと伸ばすことで、大きな力を発揮しています。

カエル人間

Frog Human

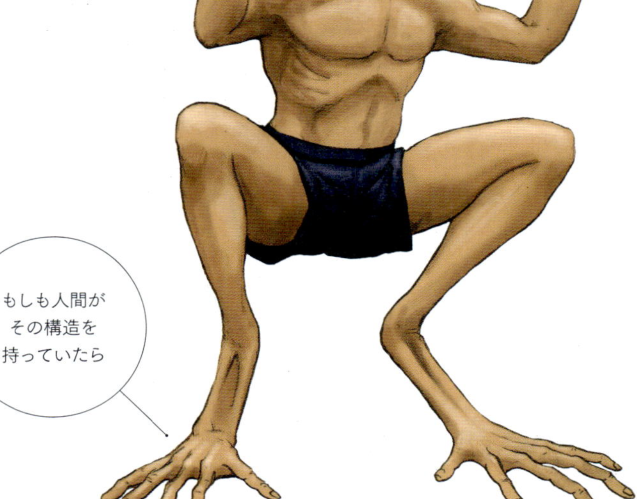

もしも人間が
その構造を
持っていたら

How to

カエル人間の作り方

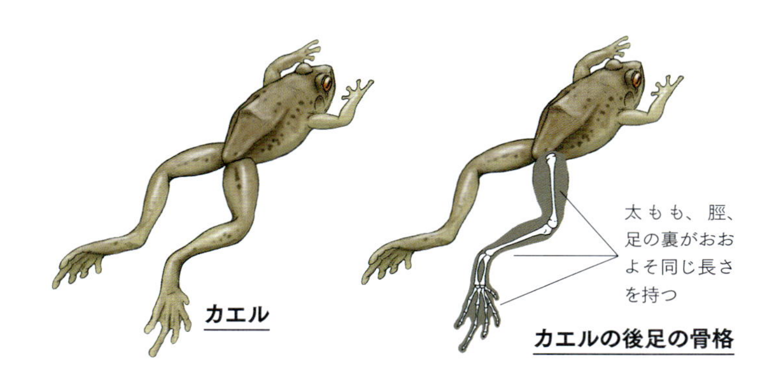

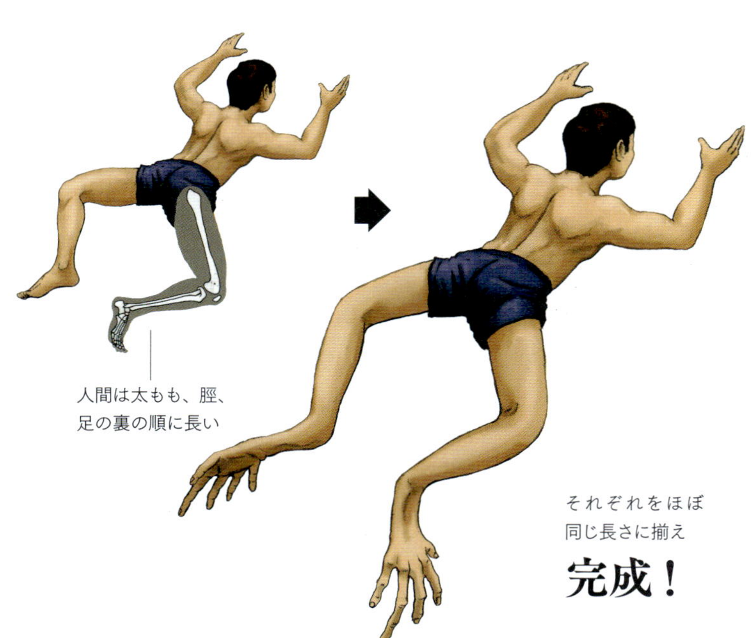

軽量化し頑丈になった骨格

高いジャンプ力でよく知られているカエル。カエルと同じ両生類のイモリやヘビ、トカゲといった爬虫類はジャンプができず、這(は)い歩きで移動します。また、泳ぐときも、他の両生類や爬虫類は長い胴体と尻尾をくねらせて泳ぐものが大半であるのに対しカエルは平泳ぎです。このように動きのスタイルに違いがあるため、その体の動きに密接に関わる骨格構造も、他の両生類や爬虫類にくらべ個性的なものになっています。

まず、カエルの骨格は全身の骨の数が少なくなっています。骨の数が減った分、他の両生類や爬虫類のようなくねくねとした動きができなくなり、柔軟性を犠牲にしていますが、硬く重い骨の数を減らすことで軽量化しています。さらに骨と骨を融合させることで数を減らしながら頑丈さも実現しています。人間の膝下の脛(すね)には腓骨(ひこつ)と脛骨(けいこつ)の2本の骨がありますが、カエルはこの腓骨と脛骨が融合して1本の骨になることで後足は強靭(きょうじん)になり、力強いジャンプができるようになっています。

また、他の例として、肋骨の消失があります。肋骨がない腹部は柔らかく、ジャンプ後の着地時の強い衝撃を受け流すことができます。その反面、肺を伸縮させて呼吸するときの胸部の筋肉は機能しませんが、代わりに喉袋の伸縮によって空気を肺に送り込んでいます。

ヒトとカエルの骨格比較

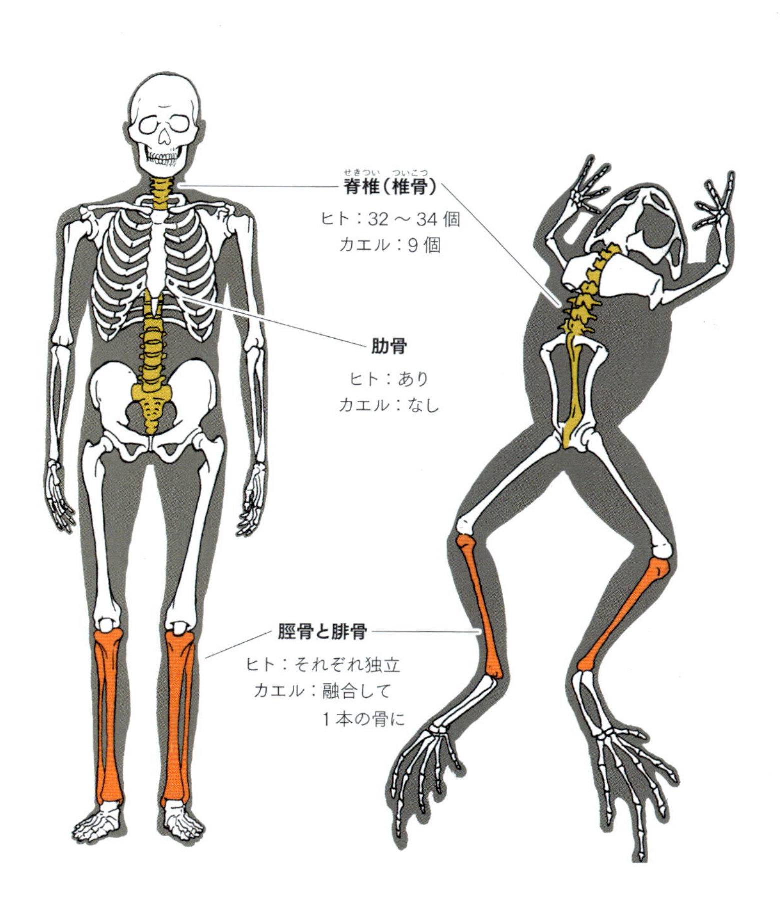

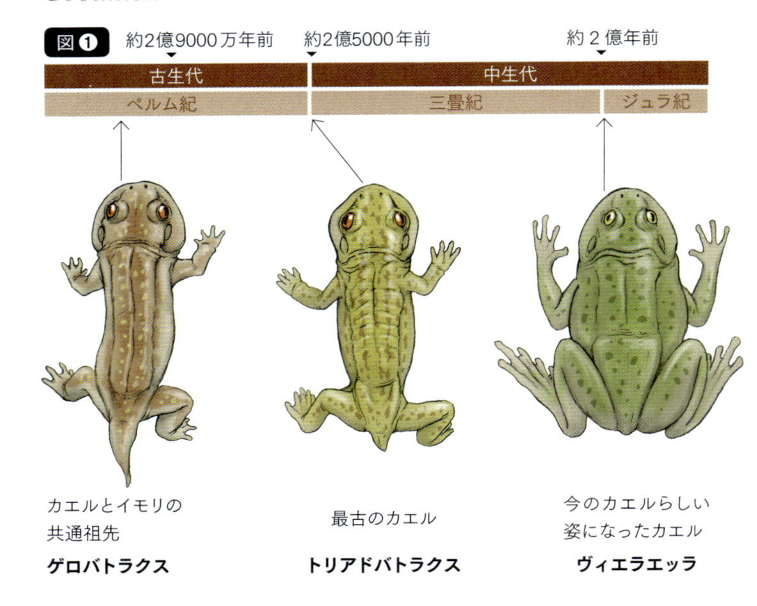

徐々に進んだ骨格の軽量化

カエルがどのような進化をたどったか進化図を見てみましょう。

図❶

1995年、カエルとイモリの共通祖先・ゲロバトラクスとよばれる化石が古生代ペルム紀中期の地層から発見されました。ゲロバトラクスは、顔は現在のカエルのようでしたが、口には歯が並び、胴体は長く、尻尾も肋骨も残っていました。ジャンプはせず、イモリのように這い歩いていたと見られています。

その後マダガスカル島で2億5000万年前に生息したトリアドバトラクスの化石が発見され、これが最古のカエルとされています。現在のカエルに近づいた点として歯がなくなり、肋骨が退化した

図❷

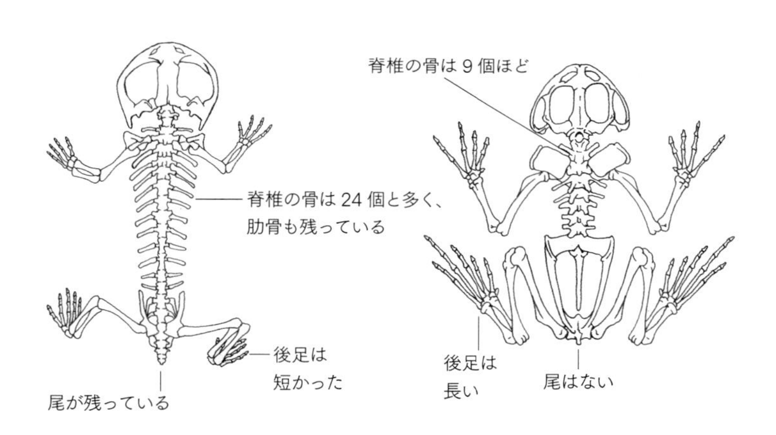

ことがあげられますが、胴体や足には現在のカエルほどの特殊化があまり見られていません。現在のカエルは脊椎の数がわずか9個ほどしかなく、骨の数を減らすことで背骨は短く太く、頑丈になっていますが、トリアドバトラクスの脊椎の骨は24個もあり、尻尾も残っていました。なにより、極端に長くなった後足の特徴は見られず、ジャンプすることはなかったようです。図❷

そしてカエルらしいカエルが現れたのは中生代ジュラ紀前期で、ヴィエラエッラとよばれる種です。脊椎の数は10個、極端に長い後足も持っており、現在のカエルとほとんど変わらない姿をしていたようです。

爬虫類・両生類

トカゲ

Lizard

私たちヒトの足は胴体から真下に伸びています。ヒト以外の哺乳類や鳥類も胴体から真下に伸びる足で歩きます。これを直立歩行といいます。一方トカゲをはじめとする爬虫類や両生類は私たちと同じ陸上を歩く足を持っていますが、足の付き方に大きな違いがあり、胴体から真横に足が伸びて、這い歩きをします。

もしも人間が
その構造を
持っていたら

トカゲ人間

Lizard Human

How to

トカゲ人間の作り方

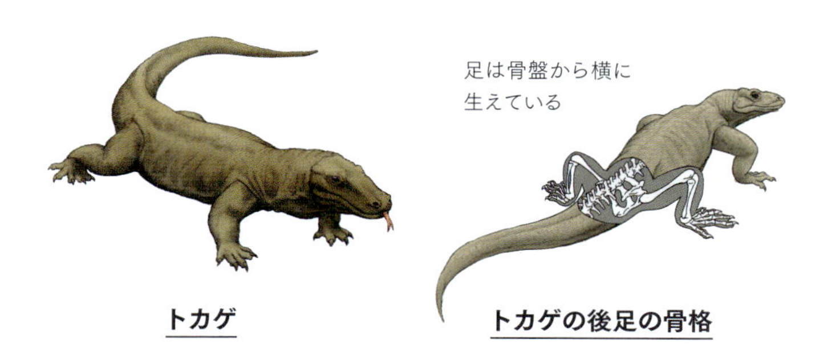

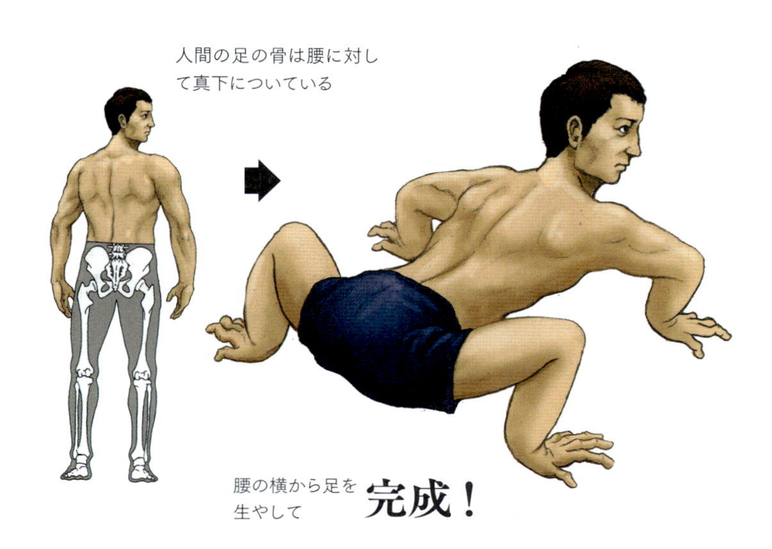

這い歩きスタイルが
巨大化を妨げた？

爬虫類はトカゲ、ヘビ、カメ、ワニの4つのグループがいます。爬虫類という言葉の、「爬」は地面をひっかき這って進むという意味です。「虫」は特に昆虫やムカデなどを指す言葉ですが、人類、獣類、鳥類、魚類以外の小動物の総称です。つまり爬虫類は「爪を持ち、這い歩きする小さな動物」という意味になります。

トカゲは哺乳類などとくらべると体の小さな種類が多く、トカゲの仲間でもっとも大きな種のコモドオオトカゲでも体重が60 kg程度です。最大の陸生哺乳類であるアフリカゾウのオスの体重は6000 ～ 7000 kgなので、その差は歴然です。動物は体が大きければ大きいほど、天敵に襲われる心配も減り、生存に有利に働きますが、なぜトカゲの仲間は、体を大きくすることができなかったのでしょうか。

これはトカゲの仲間のように足が胴体の横から伸び、這い歩きをするよりも、哺乳類のように足を胴体の真下に伸ばしたほうが体重を支えやすいことに原因があります。図❶ たとえば、私たちが腕立て伏せをするとき、腕を曲げて伏せた状態で体を支えるよりも、腕を伸ばした状態で体を支えるほうが楽であることを考えればわかると思います。図❷ トカゲの仲間は這い歩きスタイルで重たい体を支えづらかったため、進化の過程で体を大きくすることができなかったのかもしれません。

図❶ 哺乳類と爬虫類の足のつき方の違い

哺乳類の足のつき方

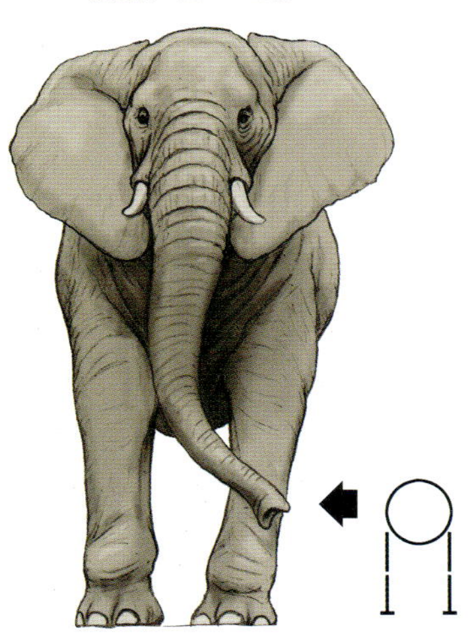

世界最大の陸獣　アフリカゾウ
体重 6000kg

爬虫類の足のつき方

世界最大のトカゲ　コモドオオトカゲ
体重 60kg

図❷

腕立て伏せで、腕を伸ばしたときのほうが体を支えるのが楽なことを考えればわかりやすい

図❶ 哺乳類

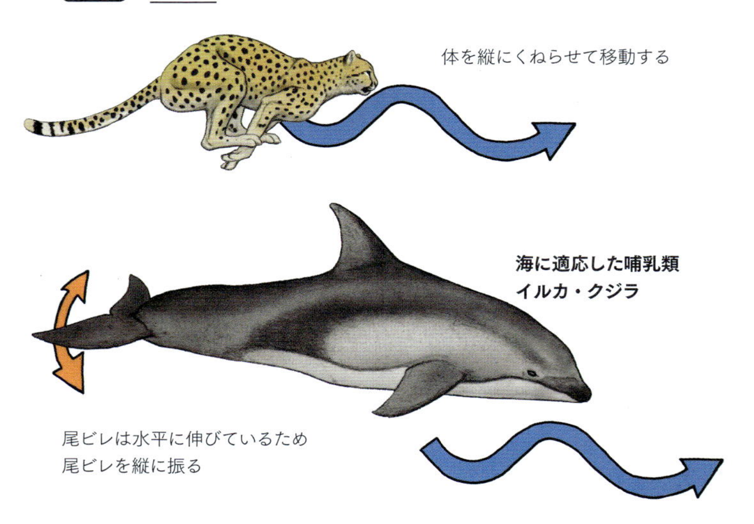

海に生息した生物の尾ビレ

　這い歩きスタイルで大きくなれなかったトカゲの仲間ですが、大昔には巨大な爬虫類もいました。モササウルス類です。

　モササウルス類は足がヒレに変化して海に適応したトカゲの仲間です。水中では足で体を支える必要もないため、その制限から解放されたかのように体は巨大化し、大きな種では全長 18 m にもなりました。モササウルス類は白亜紀後半、おおよそ 1 億年前に現れました。当時の陸上では恐竜が支配的でしたが、モササウルスは海洋で瞬く間に生態系の頂点に登りつめていきました。6600 万年の巨大隕石の衝突によって引き起こされた白亜紀末の生物大量絶滅期に恐竜とともに絶滅し、現在その姿を見ることは

図❷ **爬虫類**

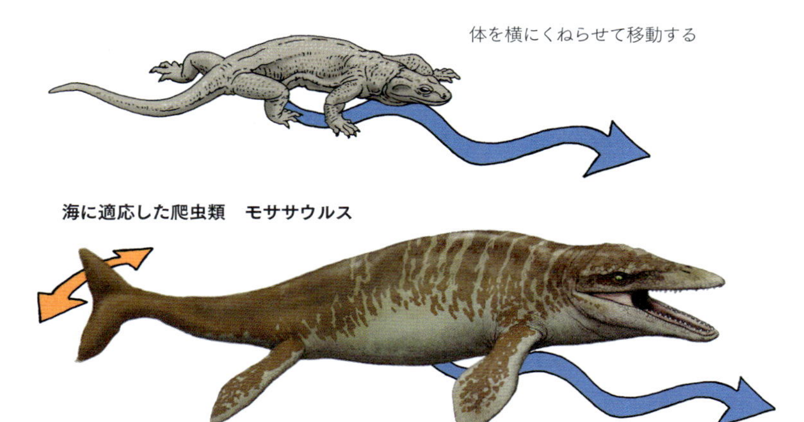

尾ビレは垂直に伸びているため
尾ビレを横に振る

できませんが、最近の研究ではクジラに近い姿をしており、クジラと同じ三日月型の尾ビレがあったことがわかりました。

しかし、クジラの尾ビレは水平に伸びているのに対し、モササウルスの尾ビレは垂直に伸びているという違いがありました。哺乳類は胴体から足が真下に伸びる直立歩行で、体を上下に動かしながら移動します。図❶ 一方、胴体から足が真横に伸びる爬虫類は体を横にくねらせながら歩行します。図❷ 哺乳類も爬虫類も海に適応・進化しても、移動には陸生だった祖先の動きを引き継ぎ、クジラは尾ビレを縦に、モササウルスは尾ビレを横に振って、泳ぐときの推進力を得ているのです。

爬虫類・両生類

ワニ

Crocodile

すべての生物の中で噛む力がもっとも強いワニ。そのアゴは、頭部の大部分を占め、前後に長く伸びています。ヒトは下アゴを動かすことで口を開きますが、ワニの場合は下アゴが地面に近いため、上アゴのほうが開く構造になっています。

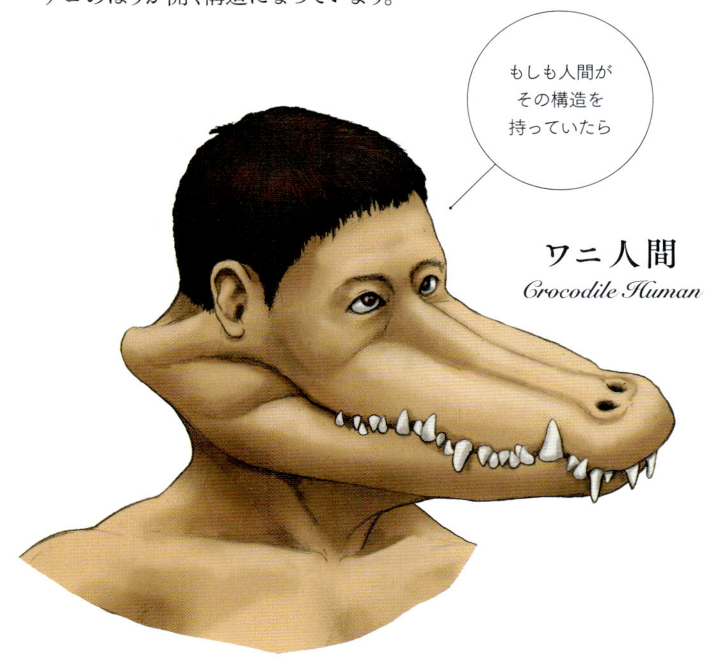

How to

ワニ人間の作り方

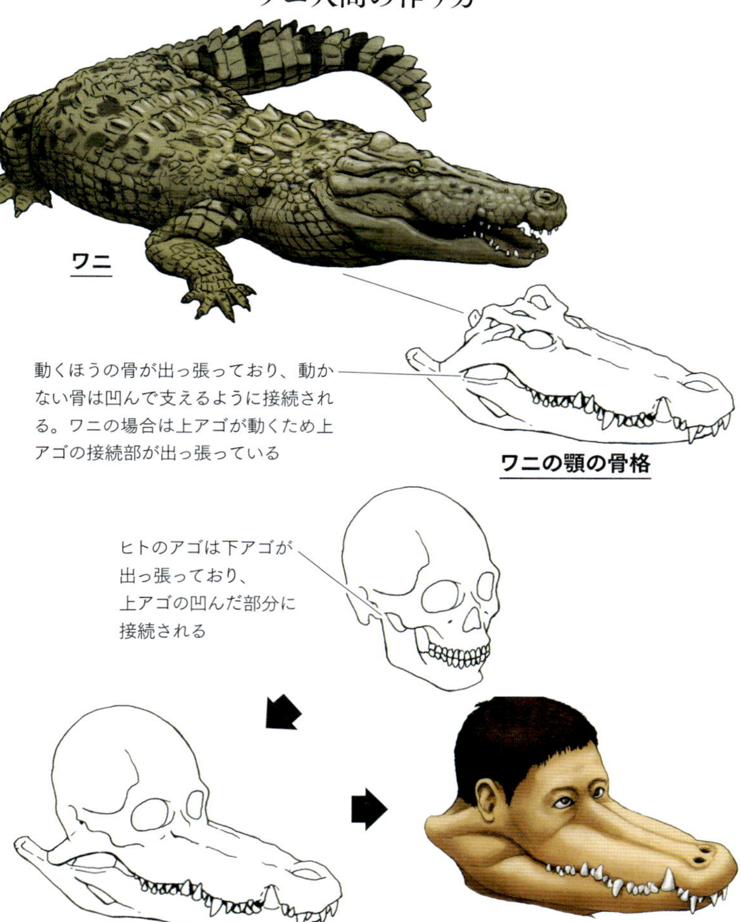

上下のアゴの骨を巨大化させ、接続部の骨の出っ張りと凹みを逆にし、鼻の穴を上向きにつける

完成！

引きちぎり丸のみするアゴ

ワニは世界中の熱帯、亜熱帯の水のあるところに生息しています。水辺の世界の捕食者として君臨するワニは、噛みつく力が地球上のどの動物よりも強いのです。濁った川などに潜り、目と鼻を水面に出して、じっと動かず待ち伏せ、動物が近づくと一転、目にも留まらぬ速さで一気に襲いかかります。水の中に潜み、待ち伏せするために、ワニの顔は目が頭の高い位置にあり、鼻は口先に上向きについていて、水面から出して呼吸しやすいようになっています。図❶

ワニはその強力なアゴの力で獲物に噛みつくと、決してはなさずに水の中へと引きずり込みます。しかし、噛みつく力にくらべて、口を開く力は弱く、肉を切り裂くのには向いていません。そのため、獲物の足などに噛みついたワニは水中で自らの体を回転させて、獲物の足をねじり切ってしまいます。捕えた獲物の肉を食いちぎるためのこの行動は「デスロール」とよばれています。図❷

ワニは哺乳類のように食べ物を咀嚼（そしゃく）することはできません。そのため、デスロールによって、肉を食べやすい大きさに引きちぎって、丸呑みにするのです。鋭い歯も、咀嚼のためにあるわけではなく、噛みついた獲物に引っ掛ける役割を持っています。歯は常に鋭く保つ必要があるため、抜けてもすぐに生え、一生のうちに何度も生え変わります。

図❶ 水面から目と鼻だけを出して水中に身を潜め地上の様子をうかがう

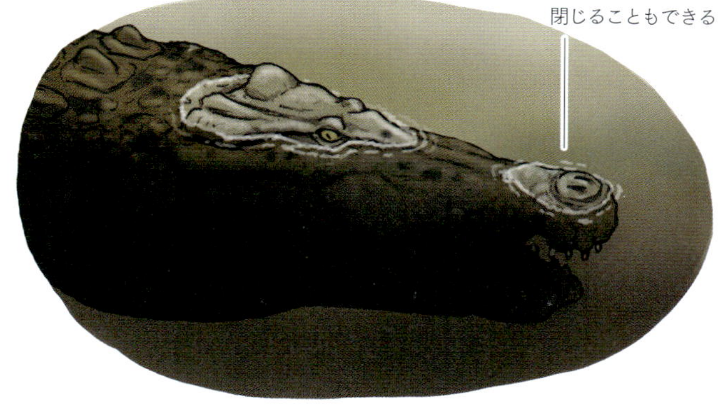

図❷ ワニ特有の捕食、デスロール

図❶

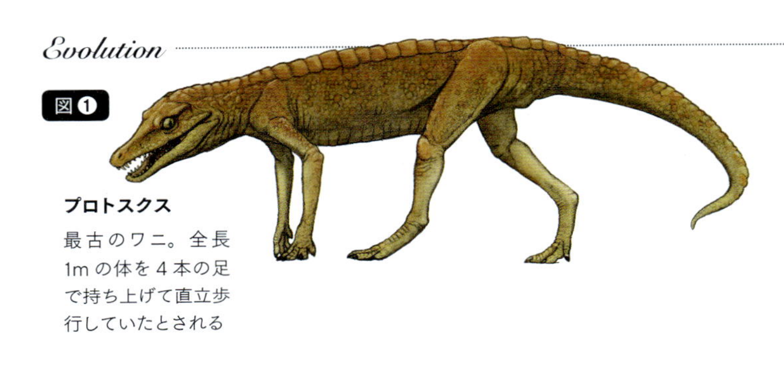

プロトスクス

最古のワニ。全長1mの体を4本の足で持ち上げて直立歩行していたとされる

図❷

メトリオリンクス

海に適応したワニ。全長3mと体は巨大化し、足はヒレに変化し、尾の形状も変化している

多様だった大昔のワニたち

現在のワニはおもに、河や湖といった淡水域という限られた環境に生息する爬虫類ですが、大昔のワニの仲間は水辺に限らず、内陸から海まで、幅広く生息していました。

知られる限りの最古のワニはおおよそ2億年前に生息していたプロトスクスです。図❶ 現在のワニの姿とは大きく異なり、全長は1mほどで、足は体から下へ真っ直ぐ伸びて、哺乳類のように4本の足で体を持ち上げて歩く直立歩行でした。プロトスクスの化石は北アメリカと、そことは遠く離れた南アフリカでも発見されたことから、かなり広い範囲に分布していたことがわかります。その背景には現在のワニのように重い体を引きずりながら這い歩くので

図❸

現生ワニ

陸上と淡水の両方に適応したワニ。肺呼吸だが、哺乳類などと違って変温動物であるため、呼吸が少なくても問題がない。水中では、肺に流れる血流を止めることができる

はなく、直立歩行ができて、内陸を軽快に移動できたことがあるのではないか、といわれています。

それからおおよそ1億6000万年前になると、海に生息するワニの仲間メトリオリンクスが現れます。図❷ 4本の足はすべてヒレとなり、尾の先にも魚のような三日月型のヒレがありました。現在のワニの背中に並ぶ鱗板骨(りんばんこつ)はなく、体の柔軟性が増して、胴体や尾をくねらせて泳ぐようになり、水中への適応を果たしました。

そして、メトリオリンクスのような海生ワニが登場したほぼ同じ時期に、現在のワニのような半陸半水のワニがようやく現れるようになり、この種の子孫だけが現在も生き残っているのです。図❸

爬虫類・両生類

トビトカゲ

Flying lizard

トビトカゲはその名の通り、空を飛ぶトカゲです。ヒトの肋骨（あばら骨）は背骨から胸のほうへ、内臓を包むように曲がっています。しかし、トビトカゲの肋骨は胸側へまわり込まず、横へ長く伸びています。その肋骨と肋骨の間には皮膜が張っており、これを翼にして滑空するのです。

もしも人間がその構造を持っていたら

トビトカゲ人間

Flying lizard Human

How to

トビトカゲ人間の作り方

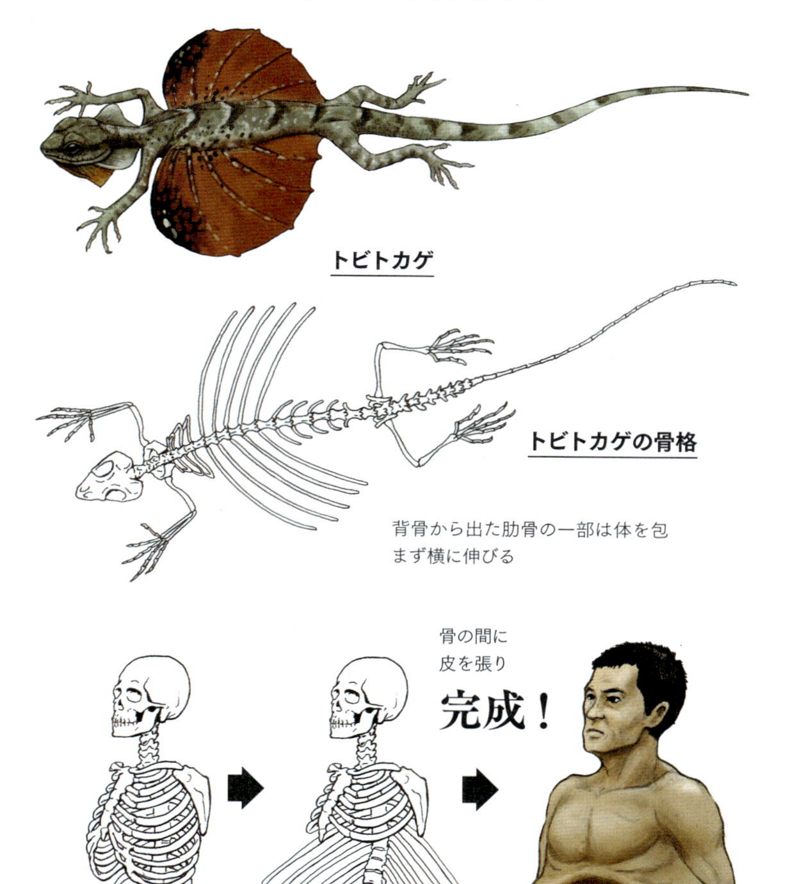

ヒトの肋骨も背骨から生えているが、途中で曲がり臓器を包み込む

肋骨の一部を曲げずに真っすぐ生やす

樹上生活に適応したあばら

トビトカゲはインド南部からマレー半島、インドネシアの島々まで広く分布する、樹上で生活するトカゲです。トビトカゲは、その名のとおり「飛ぶトカゲ」ですが、鳥やコウモリ、昆虫のように自力で飛ぶのではなく、木の枝の高いところから勢いよく飛び出して、空中を滑るように飛びます。滑空の飛行距離はふつう5～10 m程度ですが、18 mの距離を滑空する種もいます。滑空するための翼の役割をするのが、トビトカゲの脇腹から伸びている皮膜（飛膜）で、この皮膜は片方5～7本の肋骨により傘の骨のように支えられています。図❶

また、トビトカゲは木から木へ飛び移るだけではなく、陸上の移動も得意です。鳥やコウモリの翼は前足が変化したものですが、トビトカゲは肋骨を翼に変化させたため、4本の足を陸上の移動に使える利点があります。普段は足で木の幹に張り付いていますが、危険を感じるとかなりのスピードで木の幹を駆け上がるなど、自由自在に樹上を移動します。図❷

また、トビトカゲはすべての種類で全長20～25 cmほどの大きさで、その3分の2が尾の長さで占められています。尾が特に長いのはトビトカゲにかぎらず、ほとんどの樹上性の動物に共通する特徴ですが、細い木の枝を歩くときのバランスをとることに役立てているといわれています。

図❶
肋骨で支えられた
皮膜で滑空する
図❷
前足は飛行に無
関係なので、移
動などに使える
滑空するとき以外は
翼をたたんでいる
樹上でバランスを
とるための長い尾

図❶ トビトカゲのような飛行爬虫類

飛行爬虫類の時代

2億5000万年前、生物種の多くが絶滅する大量絶滅が起き、その後、三畳紀という時代に入りました。大量絶滅で、多くの生物がいなくなった陸や海で繁栄したのは絶滅を乗り越えた爬虫類の仲間でした。水生適応して海に進出する爬虫類も多く、カメやワニの祖先も、この三畳紀に現れています。

トビトカゲのような飛行爬虫類も三畳紀後期に多く現れます。それらはクエネオサウルス類という爬虫類で、トビトカゲ同様、背骨から肋骨が伸び、脇腹から翼を生やす滑空爬虫類です。クエネオサウルス類にはクエネオサウルスとクエネオスクスなどが知られています。図❶ クエネオサウルスの翼は滑空できるほど大きくないため、樹上から落ちると

きのパラシュートの役割を持っていたのではといわれています。

さて、三畳紀には滑空爬虫類以外にも、現在いないタイプの飛行爬虫類が多く登場しました。図❷ プテラノドンに代表される「翼竜」が登場したのもこの時代で、彼らは滑空ではなく、自由に空を飛べる初の飛翔脊椎動物でした。シャロビプテリクスという飛行爬虫類はさらに独特で、細長い後足と、この後足と尻尾を支えに張られた皮膜を持っていました。鳥もコウモリも翼竜も前足が翼になっていますが、シャロビプテリクスは後足が翼になった非常に珍しい後翼型飛行爬虫類なのです。このように三畳紀は飛行爬虫類たちが環境に適応するため試行錯誤した時代といえます。

Column.1 尻尾

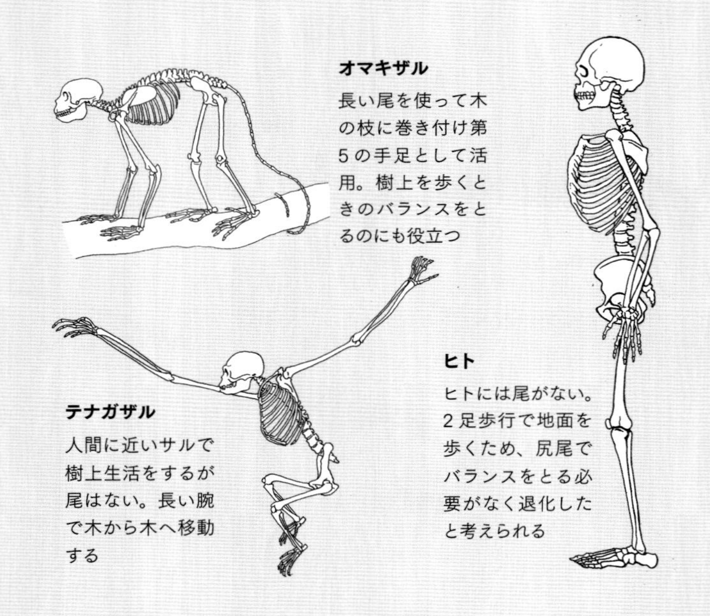

なぜ、人間に尻尾がないのか

人間には尻尾がありません。一説には、遠い祖先をさかのぼると、長い尾を持った樹上性のサルにたどりつくといわれています。樹上生活において長い尾は、第5の手足として木の枝につかまったり、バランスをとったりといろいろと役立ちます。その後、人間の祖先は地上に降りて2足歩行した結果、尾は必要なくなって、しだいに退化したと考えられています。しかし、人間に近いテナガザルやチンパンジーなどの類人猿は樹上生活をするサルでありながら尾はありません。人間がなぜ尾を失ったのかについて諸説はあっても、まだはっきりしたことはわかっていないのです。

Chapter.2

哺乳類
（陸上）

Land mammals

哺乳類（陸上）

ゾウ

Elephant

長い鼻が特徴のゾウ。ゾウのあの長い鼻は鼻だけでなく、実は上唇もいっしょに長く伸びたものです。この長くなった鼻と上唇で、呼吸だけでなく、水を鼻の中に吸い込んで、口に運んで飲んだり、食べ物をつかんだりします。また長い鼻の先には突起があり、これを指のように使うことで、小さなものをつまんだりもできます。

もしも人間が
その構造を
持っていたら

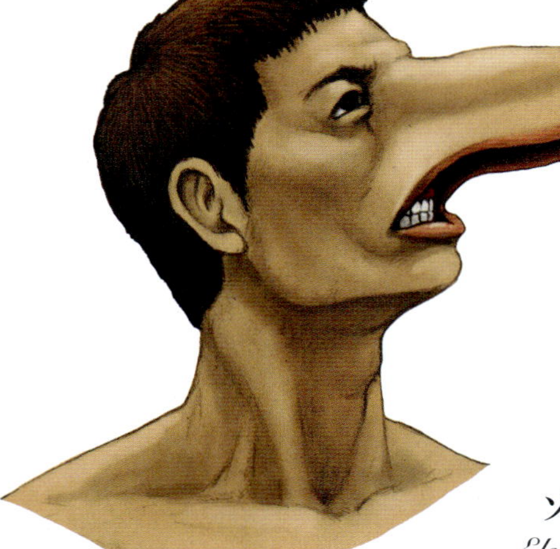

ゾウ人間
Elephant Human

How to

ゾウ人間の作り方

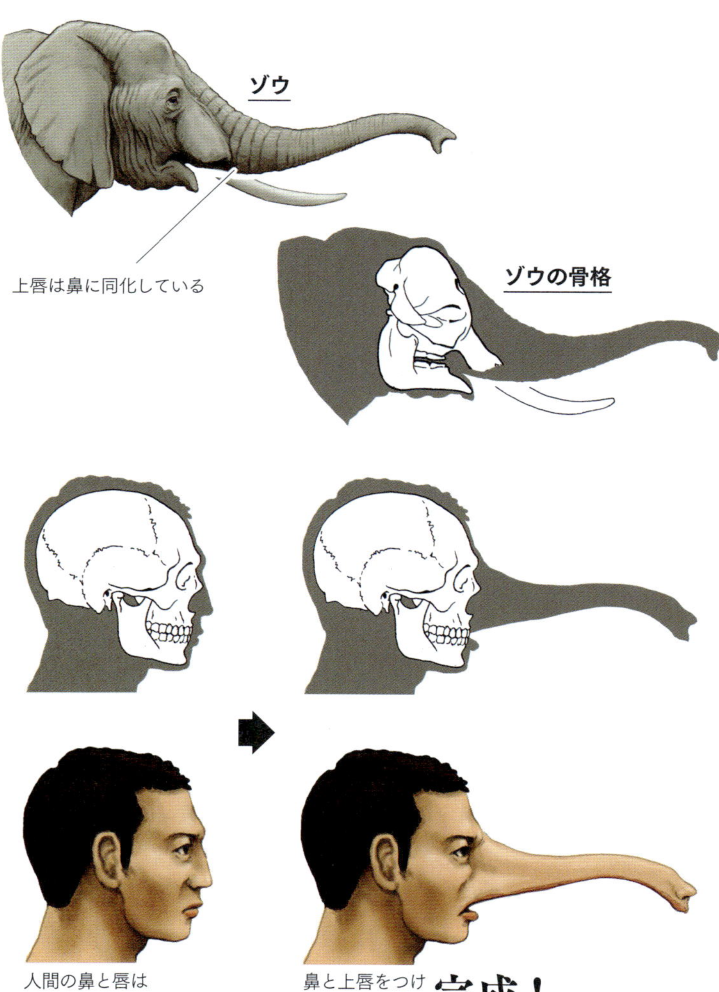

いろいろな機能を持つゾウの鼻

上唇といっしょに細長く伸びたゾウの鼻。この長い鼻は筋肉でできていて、骨や関節がありません。そのため、とても柔軟で自由自在に曲げたり伸ばしたりできるため、生活していくうえで、さまざまなことに役立てています。

食べ物はもちろん、鼻の中に吸い込んだ水を口へ運ぶといった人間の手のような役割をします。図❶ また、長い鼻の先端の尖った部分が指のような役割を持ち図❷、地面に落ちているピーナッツをつまんで口に運べるほど器用です。さらに、背が立たないほど深い川を渡って泳ぐときは長い鼻を持ち上げ、鼻先を水面から出して息をすることもできます。図❸

その他にもゾウは仲間とお互いの長い鼻を絡(から)ませて挨拶(あいさつ)する図❹という社会的な行動も見られ、人間が子供の頭をなでたりするように、ゾウも長い鼻で子供の体にやさしく触れて、愛情表現する場面も見られるようです。

そしてゾウは視力が弱い分、イヌにもわからないような、わずかな臭いを嗅ぎ分けられる優れた嗅覚を持っていて、遠い場所の食べ物や水場を探ったり、危険を察知したりしているといわれています。ゾウにとって、その長い鼻は本来の機能の他に、手の代わり、仲間とのコミュニケーションツール、優れたセンサーとさまざまな役割を持ち、生きていくうえでなくてはならない器官なのです。

図❶

食べ物や水を口まで運ぶ

図❷

長い鼻の先には突起があり、これを指のように使ってものをつまむことができる

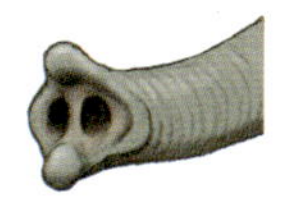

アフリカゾウの鼻先

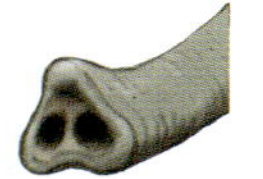

アジアゾウの鼻先

図❸ 水中で鼻を高く持ち上げて息ができる

図❹

お互いの鼻を絡ませて挨拶する

ゾウの鼻はなぜ伸びたか

ゾウはなぜこれだけ長い鼻を持つようになったのでしょうか。もっとも原始的なゾウは、未だはっきりとはしていませんが、ゾウ類最古の祖先と長いあいだいわれて来たのが、モエリテリウムです。モエリテリウムは、現在のゾウのような長い鼻を持っていませんでした。図❶

モエリテリウムはおおよそ3500万年前の大昔に生息したブタ程度の大きさの動物でした。長い胴体と短い足というカバに似た体形で、現在のゾウの体形とは程遠いものでした。カバやバクのように水辺などで暮らし、柔らかい水草などを食べていたようです。その後、ゾウの仲間は進化の過程で、体が大型化しました。足

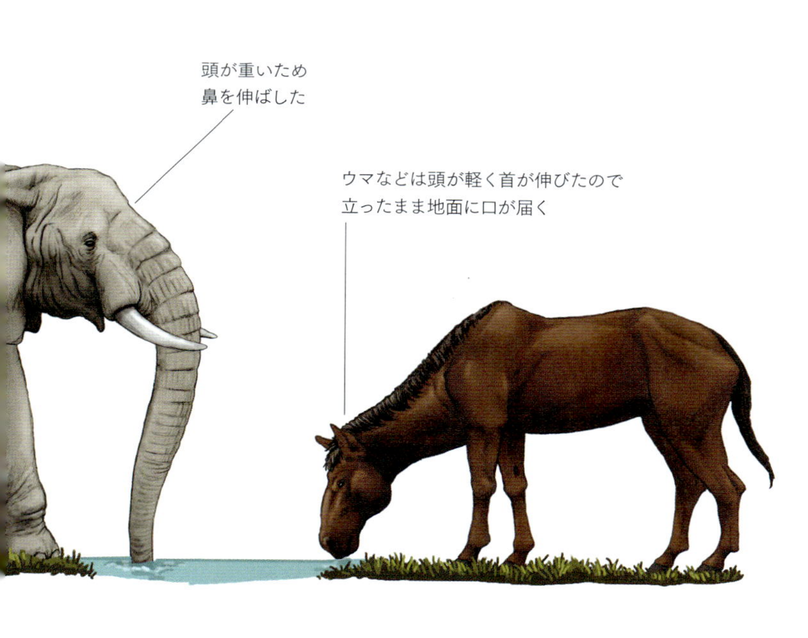

が長くなり、背が高くなるにつれて、長い鼻を持つようになりました。

なぜ鼻だけが長くなったのでしょうか。ゾウの仲間の特徴に牙の発達や、巨大な臼歯(きゅうし)、巨大な頭骨(とうこつ)が挙げられます。これらの特徴からゾウの頭部はたいへんな重量となるため、首を伸ばしたり、前足を曲げて跪(ひざまず)き、地面まで口をもっていったりして、食事をするのは、無理がありました。

そこで、地面まで届くように鼻をホースのように長く伸ばして、草を絡め取ったり、水を吸い上げたりするほうが、重たい頭部を動かさずに済んで効率的であったため、鼻が長くなる方向へ進化をしたと考えられています。 図❷

哺乳類（陸上）

キリン

Giraffe

私たち人間も含め、哺乳類の頸椎（首の骨）は基本的に7つです。キリンの長い首にも頸椎は7つしかありませんが、頸椎１つ１つが長く伸びています。ただし、頸椎と頸椎の関節部が少ないため、くねくねと首を曲げることはできません。

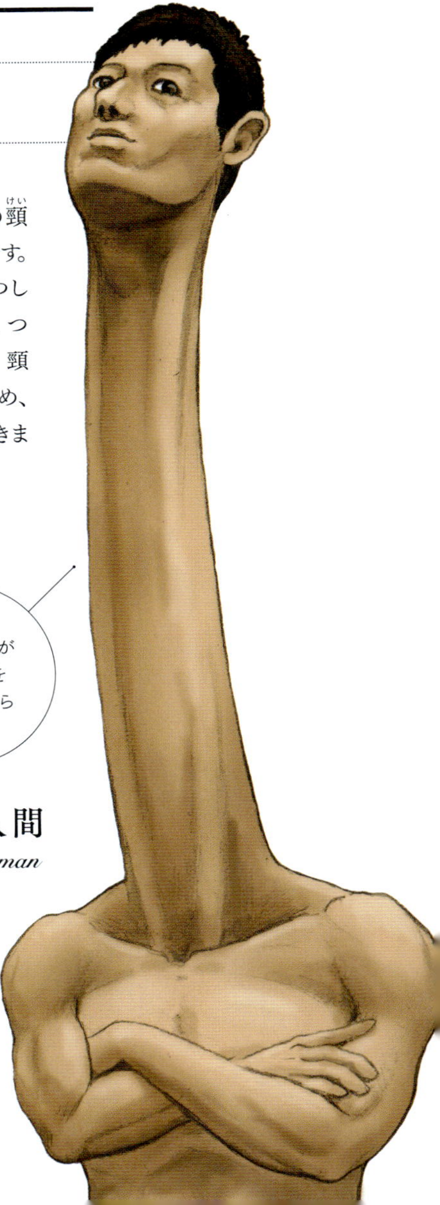

もしも人間が
その構造を
持っていたら

キリン人間

Giraffe Human

How to

キリン人間の作り方

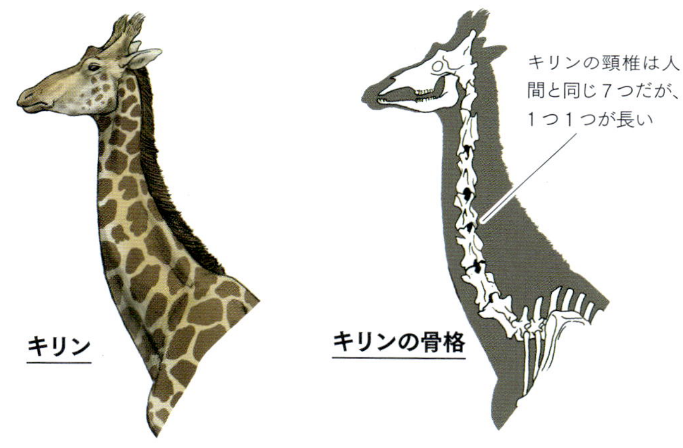

完成！

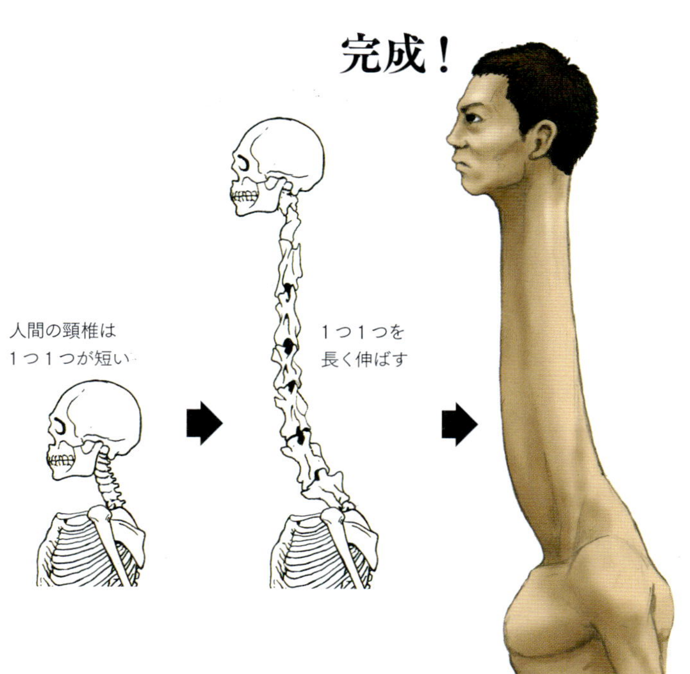

首が長くなる素質

キリンの頭までの高さは５ｍあります。心臓は地上から3ｍの高さにあり、そこからさらに2ｍの高さにある脳まで血液を押し上げるためには、高い血圧が必要になります。図❶哺乳類の血圧をくらべてみますと、ヒトは120mmHg、イヌは110mmHg、ウシは160mmHg、ネコは170mmHgくらいですが、キリンは260mmHgと他の動物とくらべると血圧の高さが突出しています。

ところで、キリンは水を飲むときは、地面まで頭を下げます。このとき、心臓から３ｍ下に頭が移動するわけですから、高い血圧にくわえ、大量の血液が脳に流入して、かなり強く頭に血がのぼってしまいそうです。また、頭に血が集まった状態から首を上げると一気に血が降りてしまうため、貧血状態になりそうです。

しかし、そこはよくできたもので、キリンの後頭部にはワンダーネットとよばれる網目状の毛細血管の塊があります。図❷首の太い血管から流れてくる血液を、このワンダーネットで分散させて、一度に大量の血液が脳に流れ込むのを防いでいます。

さて、キリンの仲間にオカピとよばれる動物がいます。オカピはキリンのような長い首ではありませんが、後頭部にはキリンと同じワンダーネットを持っています。オカピはキリンの原始的な姿ともいわれていますが、ワンダーネットがあったおかげで、キリンは首を長くするという進化ができたのかもしれません。

図❶ 水をのむキリン

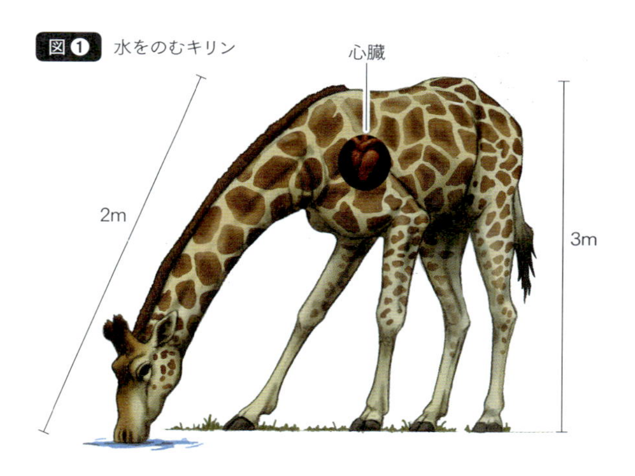

図❷

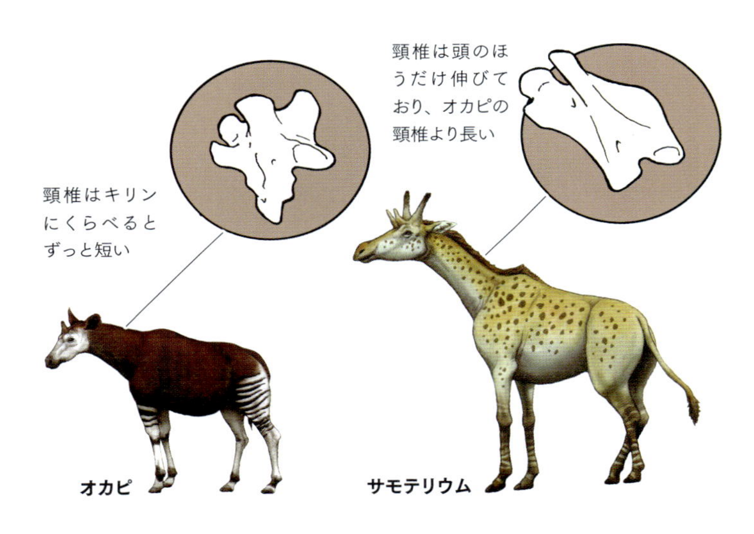

2段階で長くなった首

現在、キリンの仲間はサバンナに生息するキリンと密林に生息するオカピがいますが、大昔はシカのような立派なツノを持つものから、ウシのようにドッシリとした体格のものまで、さまざまなキリンの仲間がいました。しかし、そのなかにも現在のキリンのような長い首を持つものはいませんでした。キリンは進化の過程で、どのようにして長い首になったのでしょうか。

絶滅したキリンの仲間と現在のキリンの頸椎（首の骨）の長さをくらべた研究がニューヨーク工科大学のメリンダ・ダノヴィッツ博士たちによって2015年に発表されました。キリンは１つ１つの頸椎が長く伸びたため、長い首を持つようになりましたが、絶滅

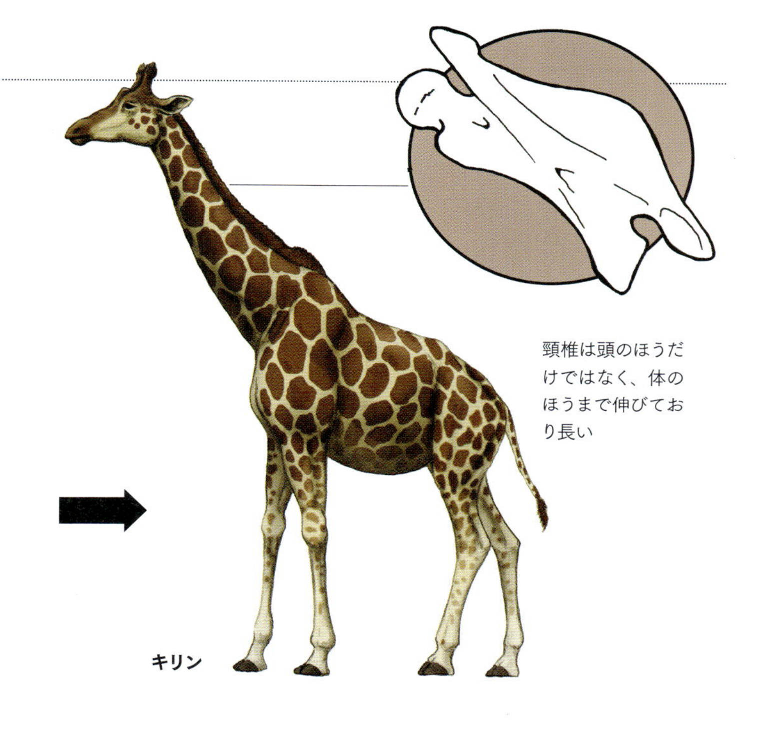

したキリンの仲間も頸椎の化石さえあれば、その首の長さはおおよそ見当がつくというわけです。研究対象となった絶滅したキリンの仲間のうち、キリンのような長い首になる途中段階の種がいました。それが 700 万年前にアジアやヨーロッパに広く生息していたサモテリウムです。このサモテリウムの頸椎は上部（頭側のほう）が長く伸びているという特徴がありました。それにくらべて、現生キリンの頸椎は上部とさらに下部の両方とも長く伸びています。このことから、キリン首が長くなる進化の過程では、まず頸椎上部が長く伸び、その後、頸椎下部が伸びるという 2 つの段階を経ていたということになります。

哺乳類（陸上）

イヌ

Dog

人間は立っているとき、足の裏は地面にべったりついています。人間の足がもし、イヌのような足になったら、地面についていたカカトは地面から離れ、足の裏は細長く伸びて、高い位置に上がります。歩くときは常につま先立ちの状態です。このような歩き方は趾行性とよばれ、イヌにかぎらず、ネコなどの肉食哺乳類に多く見られます。

もしも人間が
その構造を
持っていたら

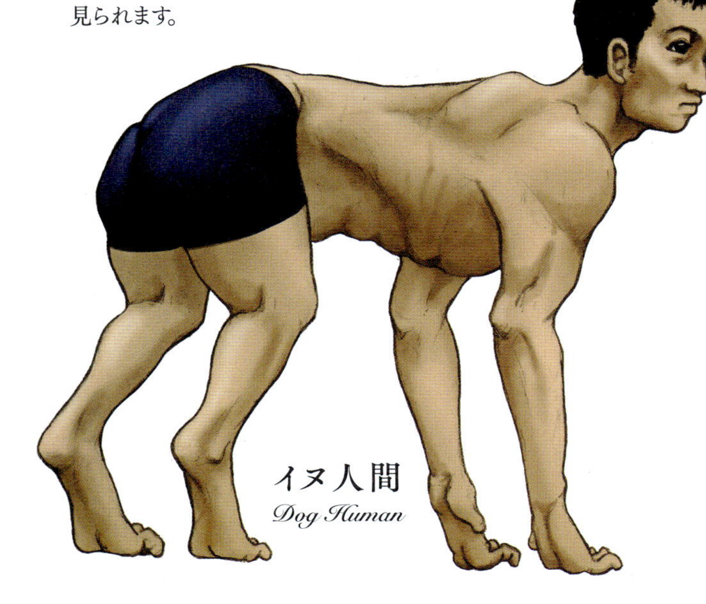

How to

イヌ人間の作り方

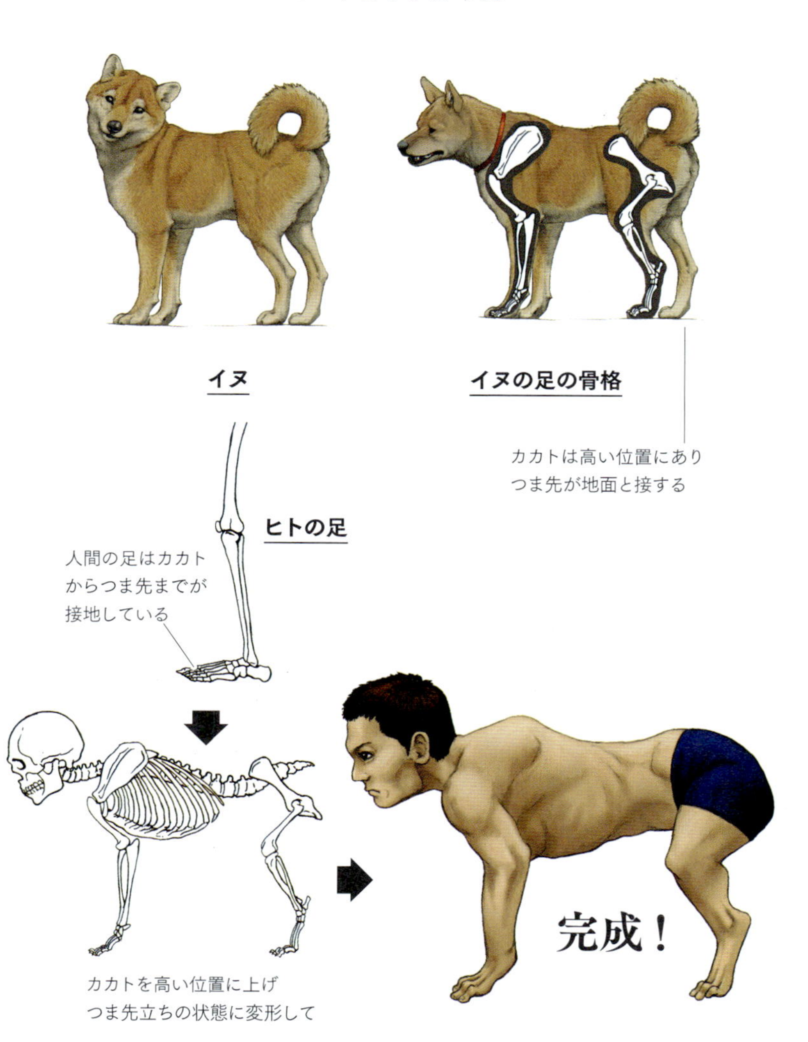

哺乳類の３タイプの足

哺乳類の歩く、走る運動に使う足は3つのタイプに分けられます。その3つとは「蹠行性」「趾行性」「蹄行性」です。

まず「蹠行性」は私たち人間を含むサルの仲間やクマ、パンダなどです。図❶ 蹠行性の動物はカカトをおろし、足の裏全体を地面につけて歩きます。足の裏全体を地面につけると接地面積が大きいため、安定性があります。クマが後足で立ち上がるように人間と同様、直立姿勢ができる動物も多いです。背筋を伸ばして2本足で立つレッサーパンダが一世を風靡したことがありますが、レッサーパンダも蹠行性です。

蹠行性は進化という意味で原始的な足といわれますが、この足より速く走れるようになったのが「趾行性」です。図❷ カカトを上げたつま先立ちで、足と地面の接地面積は少なくなり安定性が失われた分、足が長くなり走るスピードが増しました。また趾行性の足は柔軟性があり、静かに動くこともできることから気づかれずに獲物に近づけるという点で肉食動物によく見られる足の形状です。

そして、肉食動物に追われる立場の草食動物はスピードだけを重視した「蹄行性」です。図❸ バレリーナのようにつま先の先端のみで立っている状態で、手首、足首、つま先の骨は可能な限り長くなって、歩幅をなるべく大きくしています。

図❶ 蹠行性 ヒト 安定性に特化した足

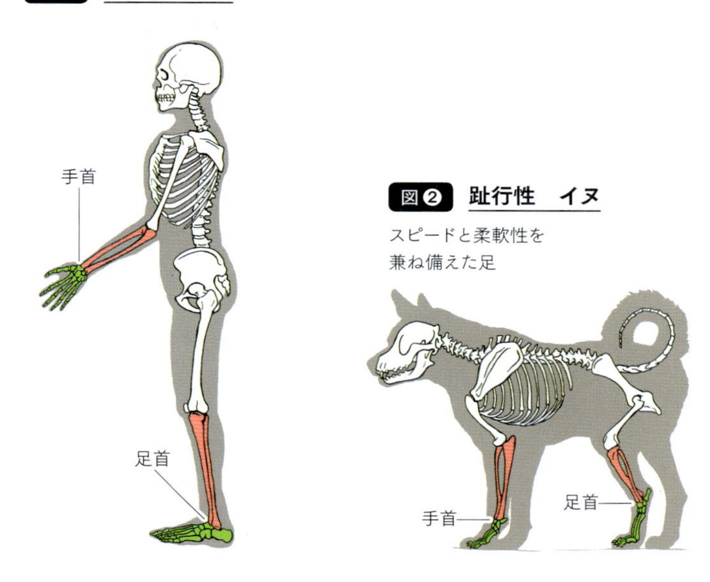

図❷ 趾行性 イヌ

スピードと柔軟性を
兼ね備えた足

図❷ 蹄行性 ウマ スピードに特化した足

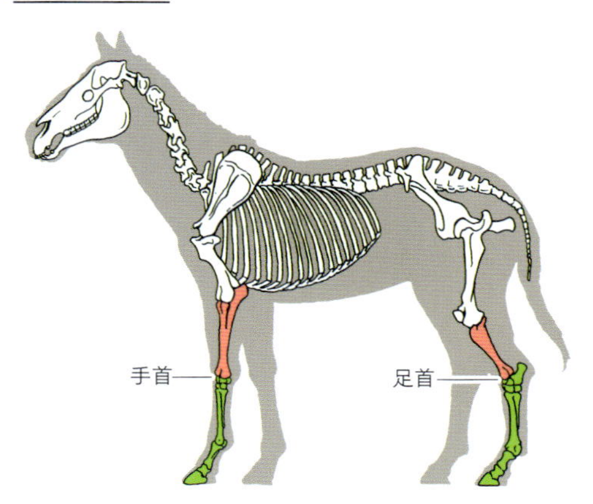

History

3万3000年前
飼いならされたオオカミがイヌになる

ヒトとイヌはもっとも古いパートナー

ヒトの生活に役立たせる目的で飼育される動物のことを「家畜」といいます。食肉用のウシやブタ、運搬・乗り物用のウマやラクダ、毛皮用のヒツジなど、ヒトの生活にどのように役立つかは、動物によってさまざまです。ネコやウサギなどのペットもヒトの精神的な支えとなりますから、これらも家畜に含める場合もあります。

家畜のなかでもっとも古い歴史を持つのがイヌで他の家畜より、はるか大昔、およそ3万3000年前から家畜化されたといわれています。つまり農耕牧畜がはじまる前の狩猟採集の生活を送っていたヒトと長い間、ともに生きて暮らし、野生動物の狩りを協力しておこなっていたようです。

イヌの足は趾行性で、速く走るのが得意です。一方、ヒトの足は蹠行性であるため、2本の足でしっかり立つことができます。体を支え歩くことから解放された前足は腕となり、ものを投げることが得意になりました。それぞれの得意なことを補完し合う形で、イヌは獲物を追い詰め、ヒトがヤリを獲物めがけて投げて仕留めるといった連係プレーで野生動物を狩っていたのかもしれません。狩猟採集生活から農耕牧畜生活に変わった現在では、狩りをする必要のなくなったヒトにとってイヌは狩りのパートナーとしてではなく、牧羊犬、盲導犬、ペットなどさまざまな形でともに暮らすようになりました。

哺乳類（陸上）

ウマ

Horse

ウマの足は数千万年にわたる進化によって、中指にあたる第３指だけを残してたった1本指になってしまっています。またヒトでいうところの手のひらと足の裏は極端に伸びていて、足全体も長くなっています。この特徴は、走ることはもちろん、サバンナやステップといった開けた環境で暮らすのに適しているといわれています。

もしも人間が
その構造を
持っていたら

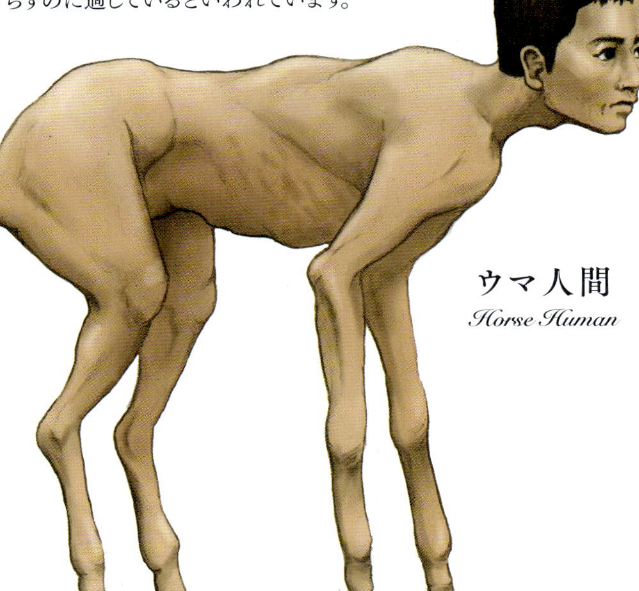

ウマ人間
Horse Human

How to

ウマ人間の作り方

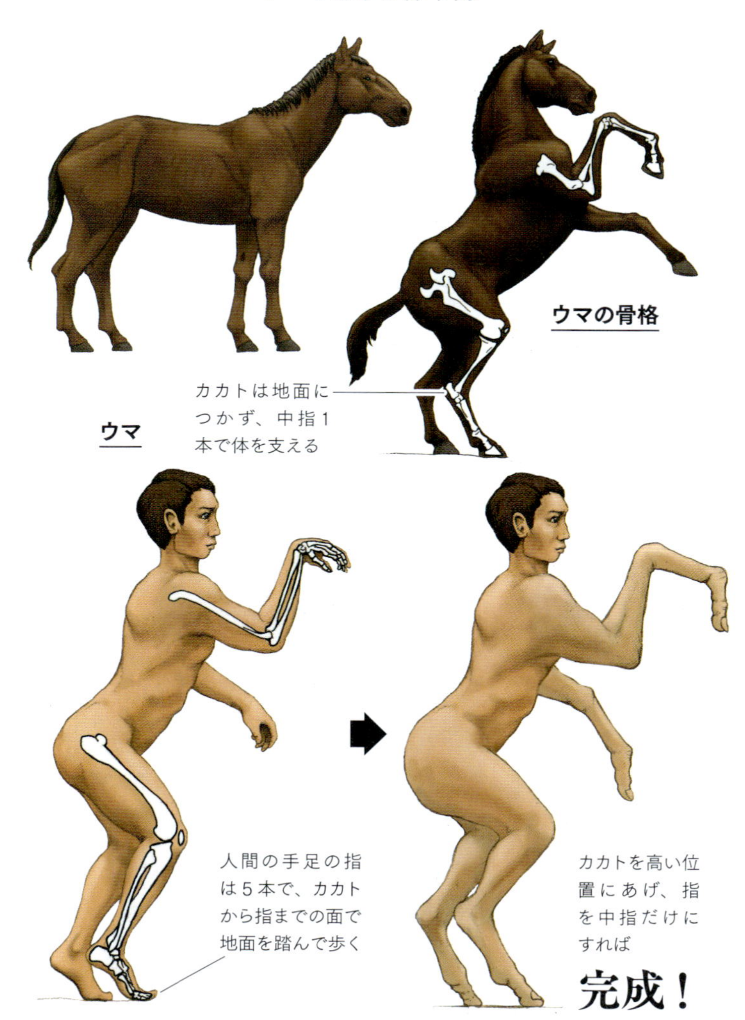

走ることだけを追求した足

ヒトの腕はものをつかんで投げたり、食べ物を口へ運んだりとさまざまな用途で使われますが、蹄行性のウマの前足・後足は、より速く走るためだけにあります。この機能面の違いがあることから、ウマの足とヒトの手足の形態は異なる点が多くあります。

ヒトには5本の指がありますが、ウマは中指にあたる第3指のみの1本指です。他の4本の指を失くすことによって、軽量化につながりました。また手首、足首より先端の骨が長く伸びることによって、足は長くなり、歩幅も大きくなりました。図❶

ヒトの前腕（肘から手首までの部分）には橈骨（とうこつ）と尺骨（しゃっこつ）という2本の骨がありますが、この2本の骨をクロスするように動かすと手首が回転するしくみになっていて、より複雑な手の動きができるようになっています。図❷

一方、ヒトの腕にあたるウマの前足では、橈骨と尺骨はほとんど融合して、1本の骨となっているため手首を回すことができません。図❸ ウマの足はヒトの手にくらべると、ずいぶん動きが制限されているように感じますが、地面を力強く蹴って走るだけのウマにとっては、複雑な動きは必要ありません。もしも、ウマの足がヒトのように橈骨と尺骨がクロスする構造をしていたら、かえって手首、足首をひねる危険があるため、このような骨格になったと考えられています。

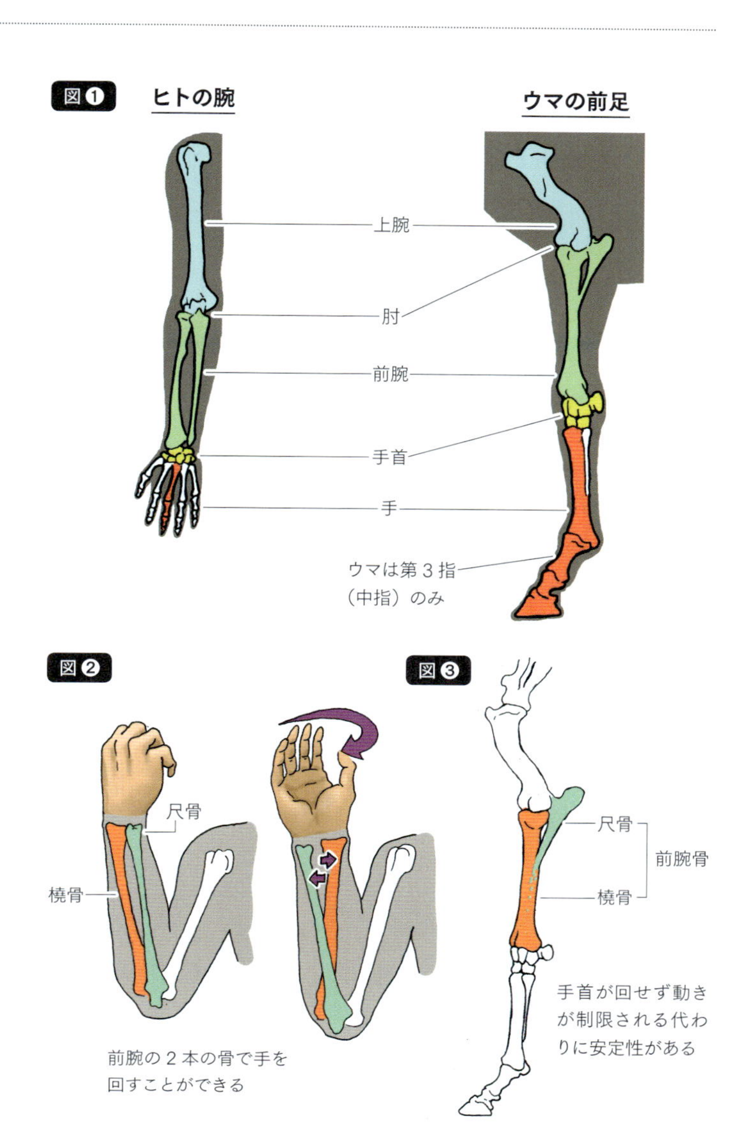
図❶
ヒトの腕
ウマの前足
上腕
肘
前腕
手首
手
ウマは第３指
（中指）のみ
図❷
尺骨
橈骨
前腕の２本の骨で手を
回すことができる
図❸
尺骨
前腕骨
橈骨
手首が回せず動き
が制限される代わ
りに安定性がある

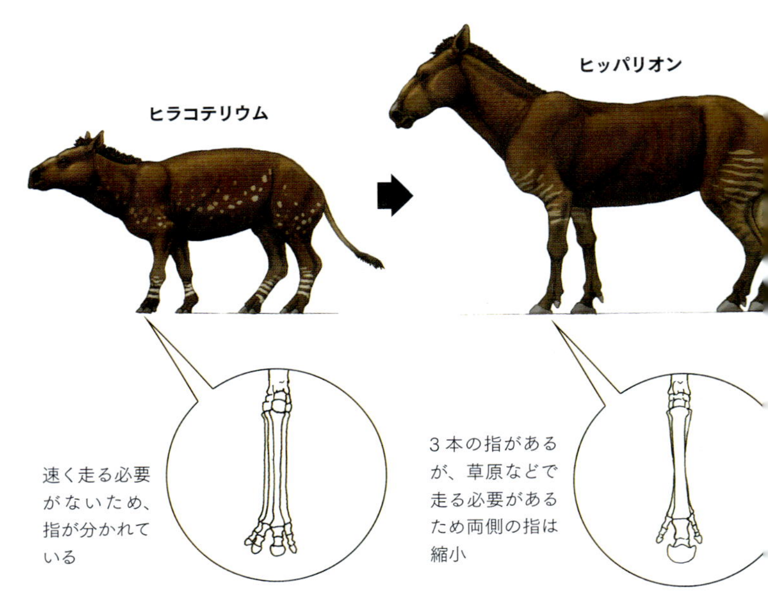

環境の変化により消えていく指

長くなった1本指で地面を蹴り、開けた草原を疾走する。これがウマの進化の最終段階です。このような姿に進化する前の大昔のウマの仲間はどのような姿をしていたのでしょうか。

最初に現れたウマの仲間の化石は北アメリカとヨーロッパで発見されており、ヒラコテリウムと名付けられました。今からおおよそ5000万年前に生息した動物です。現在のウマとくらべて、体は小さく、前脚には4本、後脚には3本の指がまだ残っていました。ヒラコテリウムの臼歯は今のウマよりも、ずいぶん低く、柔らかい木の葉などを食べていました。今のウマが食べる草原の草は硬い石英の微粒子が含まれているため、

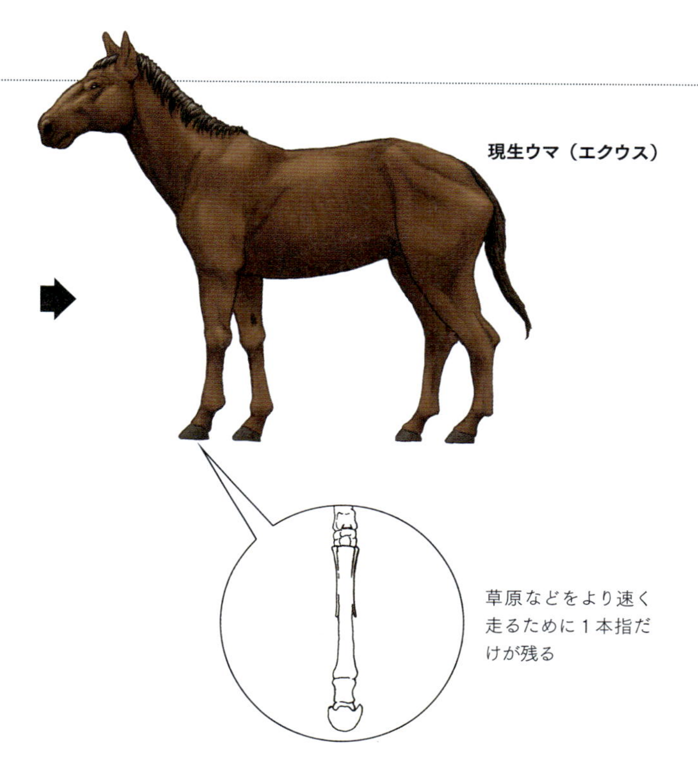

臼歯が発達していないヒラコテリウムがそれを食べると、すぐに歯が擦り減ってしまいます。柔らかい木の葉しか食べられないヒラコテリウムは木の多い環境を好んだため、今のウマのように開けた草原で速く走る必要もなかったのでしょう。

2000 万年前あたりになると、気候変動で森林から草原へと変わる地域が多くなり、ヒッパリオンとよばれる草原に適応したウマの仲間が現れました。別名「三指馬（さんしば）」とよばれたこのウマは、3 本の指を残していますが、両端の指は縮小していて、地面に届いておらず、実質1本指で立っていたようです。やがて両側の指の骨は縮小してなくなり、現在の 1 本指のウマとなりました。

哺乳類(陸上)

ライオン

Lion

ヒトは、常に体重を支える足のほうが腕よりもがっしりしていますが、ライオンは獲物を捕まえたときにヒトの腕にあたる前足の力で獲物の体を押さえつけます。そのため、前足もとても頑強にできています。肩甲骨も前足をコントロールする強力な筋肉を付着させるために、とても大きくなっています。

もしも人間が
その構造を
持っていたら

ライオン人間

Lion Human

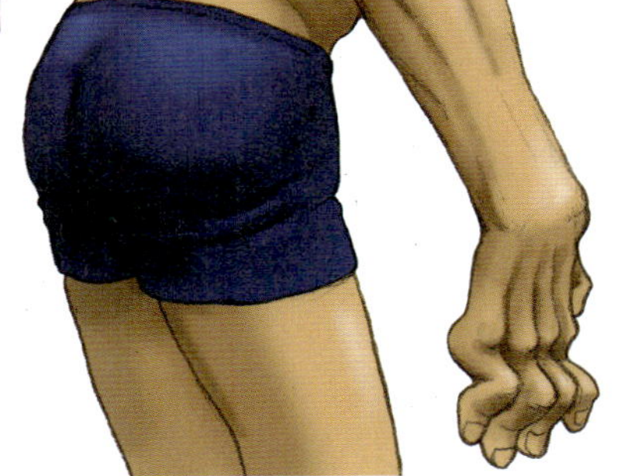

How to

ライオン人間の作り方

ライオン

強靭な前足を支えるため肩甲骨が巨大化し頑丈になっている

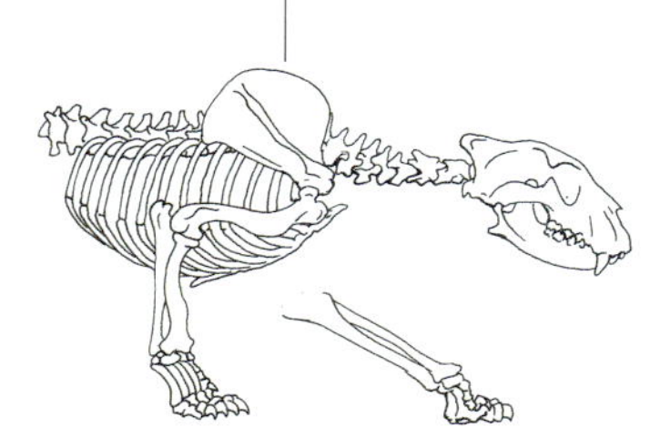

ライオンの骨格

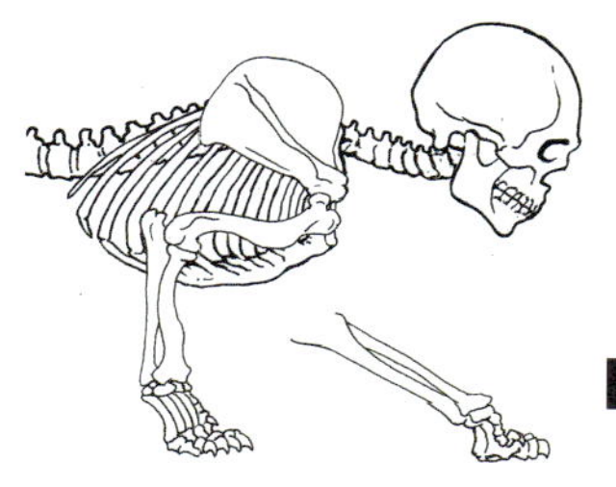

肩甲骨を巨大化させ、前足は指の付け根と指だけで接地するように変形

➡ **完成！**

狩りに特化した体

ライオンなどのネコ科動物は、地面に近い、低い姿勢を保ちつつ、忍び寄りながら獲物との距離を縮め、一気に襲い掛かります。この低い姿勢で獲物に近づくことができるのは、肩甲骨が脊椎上の高い位置にあるおかげです。これによって前足の間に、脊椎を深く沈めることができ、脊椎が支えている胴体と頭を低い位置に維持したまま、前へ進むことができるのです。図❶

ライオンは獲物を捕まえると、難を逃れようと必死にもがく獲物をその強力な前足で組み伏せ、パンチをくりだして、獲物の首の骨や背骨をへし折り、動きを封じます。たいていの4足歩行の動物は、後足が運動のほとんどを担うため、前足よりもがっしりしていますが、ライオンは獲物を捕まえるのに、強力な前足に頼っているため、後足だけでなく、前足もがっしりしているのです。また、重心もほかの動物と違って前足にあります。

そして、獲物にとどめを刺すときに使うのは、やはりその強力なアゴです。発達した犬歯で獲物の喉や鼻面に咬みついて窒息させます。咬みつくときに使うアゴの筋肉は大きく発達していて、頭蓋骨後方の突縁部(とつえんぶ)にしっかり固定されているため、強い咬合力(こうごうりょく)を発揮します。図❷

このように、狩りをするために最適な構造的要素をいくつも持っているため、優秀なハンターの座に君臨しているのです。

図❶

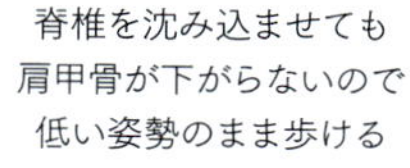

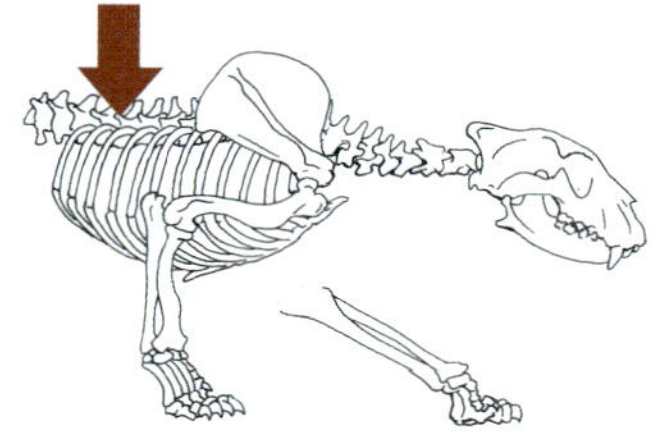

図❷

ライオンの発達したアゴの筋肉

頭骨の奥にまでしっかりと
大きな筋肉がついている

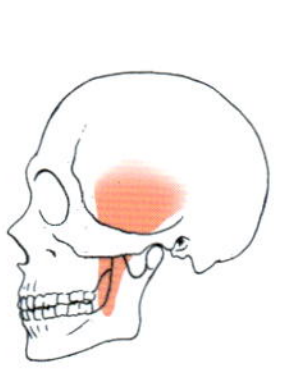

ヒトのアゴの筋肉

アゴは咀嚼にしか使わない
ヒトの筋肉は、ライオンに
くらべると少ない

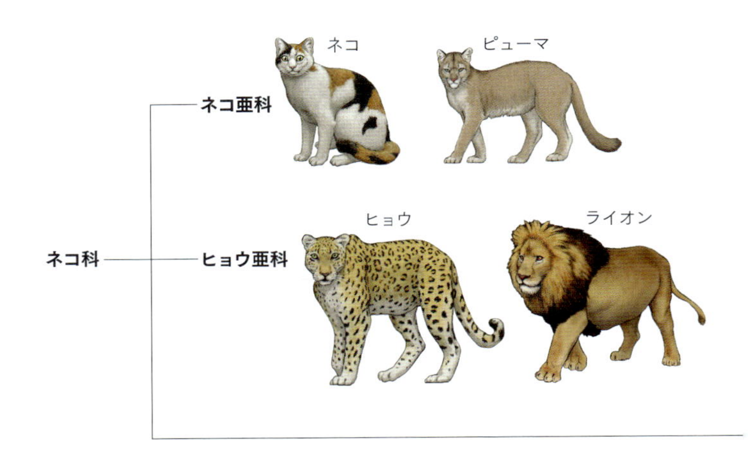

進化の過程で消えた大型種

ライオンの属するネコ科は、ネコ亜科とヒョウ亜科の大きく2つに分けられます。ネコ亜科はペットとして飼われている猫をはじめ、ヤマネコからチーターまで幅広い種類がいます。ヒョウ亜科は体が大きく、ネコ亜科と違って吠えることができるライオン、トラ、ヒョウ、ジャガーが含まれるグループです。

大昔にはネコ亜科とヒョウ亜科以外にも、「マカイロドゥス亜科」という現在では絶滅してしまったグループがいました。これらは一般的にサーベルタイガーとよばれる肉食動物で、なかでもスミロドンとよばれる種がよく知られています。上アゴから伸びる犬歯が長大で、スミロドンの犬歯の長さは24 cmもありました。この長い

マカイロドゥス亜科（サーベルタイガー）

牙を有効に使うためアゴは 90 度まで開いたといわれています。この巨大な犬歯は硬い骨を砕くことは苦手で突き刺すことに適していたため、獲物の骨のない喉もとに突き刺し、多量に出血させて獲物をたおしたといわれています。

また、スミロドンはライオンを凌ぐほど頑強な長い前足を持っていたため獲物に組みつくのが得意でした。その反面、肘下と膝下が短く、走るときにバランスをとる尾も短いなど走ることに向いた体形ではありませんでした。そのため、小さな素早い獲物よりも、マンモスなどの動きの鈍い大型哺乳類に、持ち前の長い牙と格闘力で果敢に挑むハンターだったようです。

哺乳類（陸上）

コアラ

Koala

ユーカリの葉を食べることで知られるコアラ。コアラの手足は、手（前足）は親指と人差し指が他の指と離れ、後足は親指が他の指と離れています。コアラは、木の上で過ごすことが多いため、木の枝をつかむのに最適な形の手になっているといわれています。

How to

コアラ人間の作り方

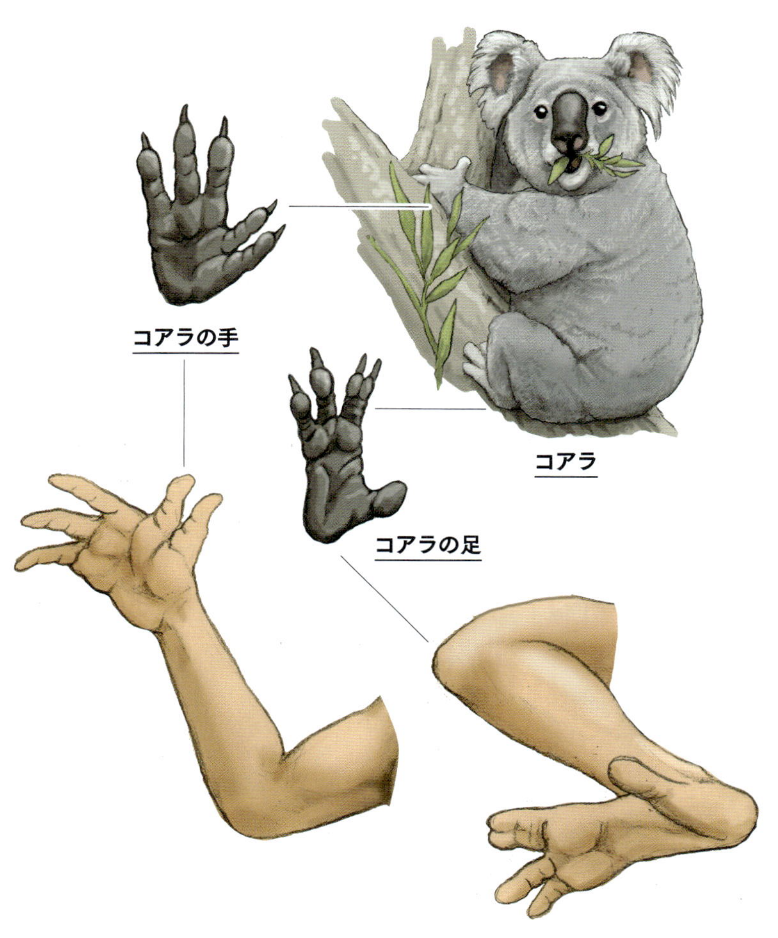

人間の手は第１指（親指）だけ離れているが、第２指（人差し指）も第１指に近づける。足は第１指だけ離した人間の手のような形にして

完成！

毒の葉を消化する驚異の腸

コアラはユーカリの木が多くあるオーストラリア南東部に生息し、ほとんどを樹上で過ごしています。手足は、木をつかみやすい形に特化していましたが、内臓にも特徴があります。

コアラは、ユーカリ類の一部の葉だけを食べる変わった食性で知られます。水さえもほとんど飲まず、水分の大半はユーカリの葉から摂取しています。ユーカリの葉は、たいへん消化が悪く、あまり栄養もないので、体力をあまり使わないように、1日に20時間も寝て過ごします。またユーカリの葉には毒があり、このおかげで他の動物は食べられず、コアラだけが独占して食べられるわけですが、なぜコアラは毒のある葉を食べても平気なのでしょうか。

実は、コアラは非常に長い腸を持っており、盲腸は長さ2mもあります。人間の盲腸はわずか5cmほどですから、特別に長いことがわかります。図❶ この長い腸の中にいる微生物が長い時間をかけてユーカリの葉を分解することで、コアラ自身は毒素の影響を受けないようになっています。

生まれたばかりのコアラの子どもはユーカリの葉を分解する微生物を持たないため、生後6か月になると「パップ」とよばれる母親のウンチを食べます。パップにはユーカリの葉を分解する微生物が含まれているため、これを食べることによって、ユーカリの葉を消化できるようになります。図❷

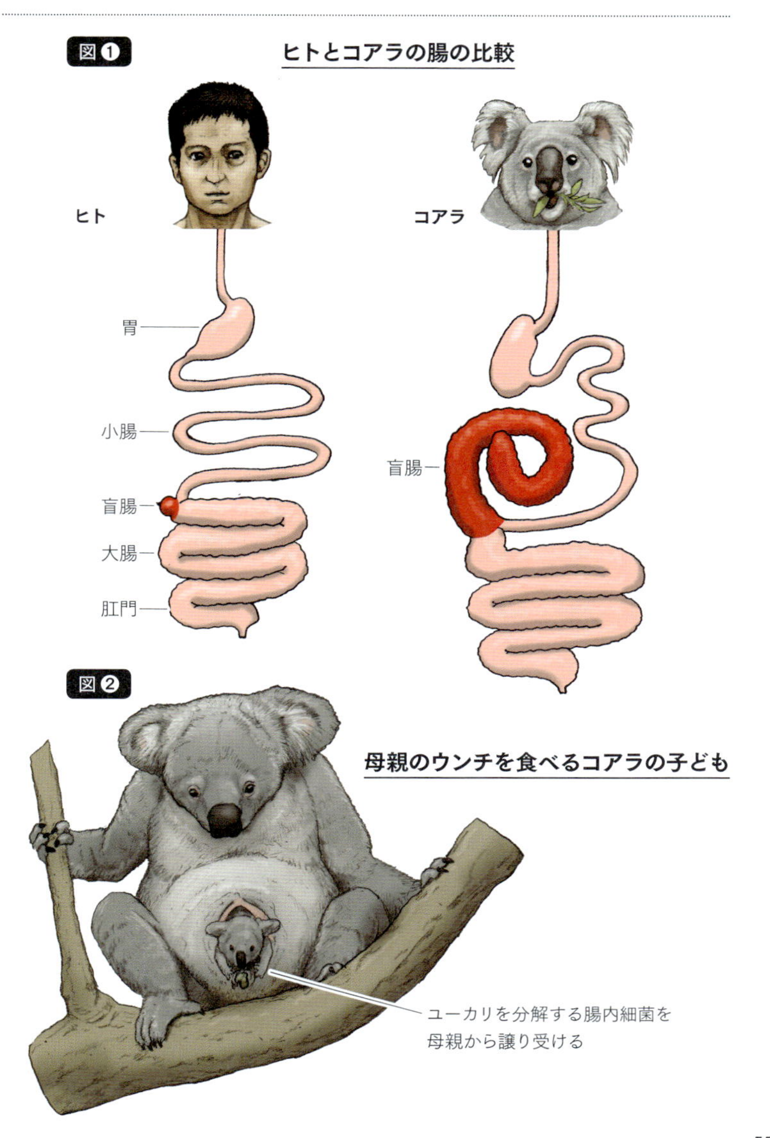
図❶
ヒトとコアラの腸の比較
ヒト
コアラ
胃
小腸
盲腸
大腸
肛門
盲腸
図❷
母親のウンチを食べるコアラの子ども
ユーカリを分解する腸内細菌を
母親から譲り受ける

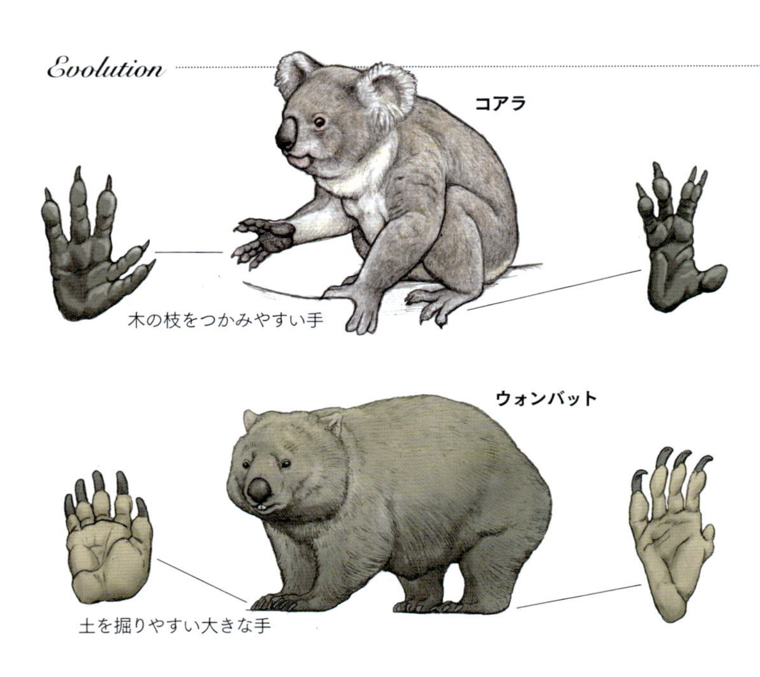

昔は巨大だった祖先

コアラは、子どもを未熟状態で出産し、育児嚢という母親のお腹にある袋の中で育てる有袋類という哺乳類です。有袋類は主にオーストラリアに生息していますが、アメリカ大陸にもわずかながらオポッサムなどが生息しています。

オーストラリアには数多くの有袋類が生息していますが、コアラにもっとも近い有袋類がウォンバットです。近い仲間だけにコアラとウォンバットはよく似た体形をしていますが、生活様式はまったく異なっています。コアラは木の上で生活しますが、ウォンバットは対照的に、地上を歩き、巣穴を掘って暮らします。コアラの手足は、木の枝がつかみやすいよう指と指が向かい合わせになっています

ディプロトドン

史上最大の有袋類

が、ウォンバットは穴を掘りやすいよう、前足の爪が大きなスコップのようになっています。

さて、大昔のオーストラリアにはコアラとウォンバットの親戚がいました。それがディプロトドンで、非常に大きな体を持っていました。体長は3mで肩の高さは成人男性の背丈ほどもありました。体重は2tに達したと推測され、サイに匹敵する大きさでした。この大きさでは、コアラのように木に登ることもウォンバットのように、巨体に見合った大きな穴を掘ることもなかったでしょう。ディプロトドンの生息していた当時は大型の肉食有袋類もいたので、体を大きくして対抗していたのかもしれません。

哺乳類（陸上）

ナマケモノ

Sloth

週に1回程度、地上で排便、排尿すること以外、ナマケモノはほとんど木の枝にぶら下がって過ごしています。木の枝にずっとぶら下がっていられるのは、前足と後足の両方に反り返った長い爪があり、これがフックのような役割をしているおかげです。その反面、地上に降りるとこの長い爪が邪魔になってしまいます。

もしも人間が
その構造を
持っていたら

ナマケモノ人間

Sloth Human

How to

ナマケモノ人間の作り方

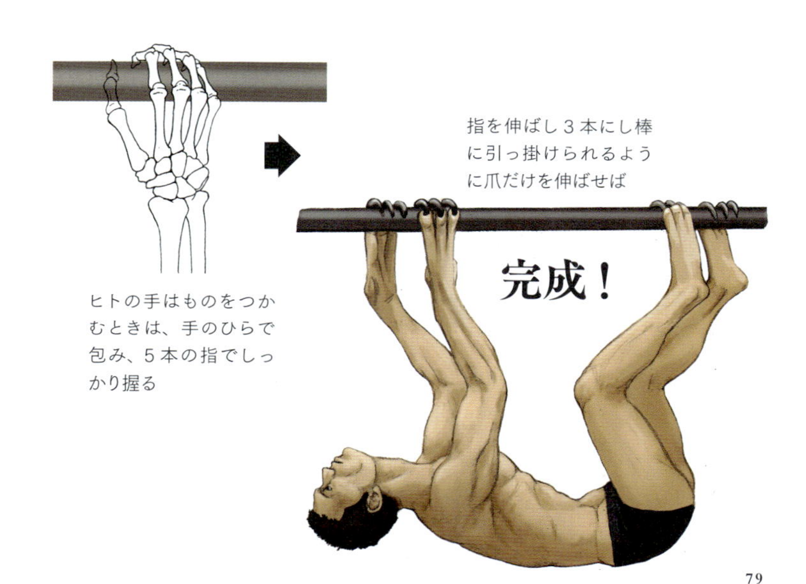

南米特有の爪動物

ゆっくりとした動作から「怠け者」とそのままの呼び名がついたナマケモノ。生涯のほとんどを樹上で過ごすため、木の枝を筋肉を使って手でつかむよりも、爪をフックのように長く伸ばし、それを木の枝にひっかけて、ぶら下がるという非常に楽な方法を選びました。図❶

また、ナマケモノは哺乳類としてはめずらしく自らの体温を維持することができず、爬虫類のように日光浴などで体温を調節します。体温は食べたものが体内で化学分解されて発生する熱がその源ですが、その必要があまりないナマケモノは食べ物の1日の摂取量はわずか８gの植物で、葉っぱ1枚分ですむのです。

ナマケモノは南米にしか見られない動物ですが、南米にはナマケモノの他にも独特な動物がいます。アリクイやアルマジロの仲間です。ナマケモノを含めこれらの動物は異節類と呼ばれる、南アメリカ大陸で独自の進化を遂げた動物たちです。

オオアルマジロとオオアリクイはナマケモノと同じく特殊な爪を持っていますが、爪の使用目的はナマケモノと違います。オオアリクイは第３指（中指）の爪が鎌型に大きく発達し、蟻塚を削り壊して、その中にいるシロアリを食べています。図❷ オオアルマジロは穴掘りが得意な動物で、穴を掘るのに適したカギ爪を活用しています。図❸

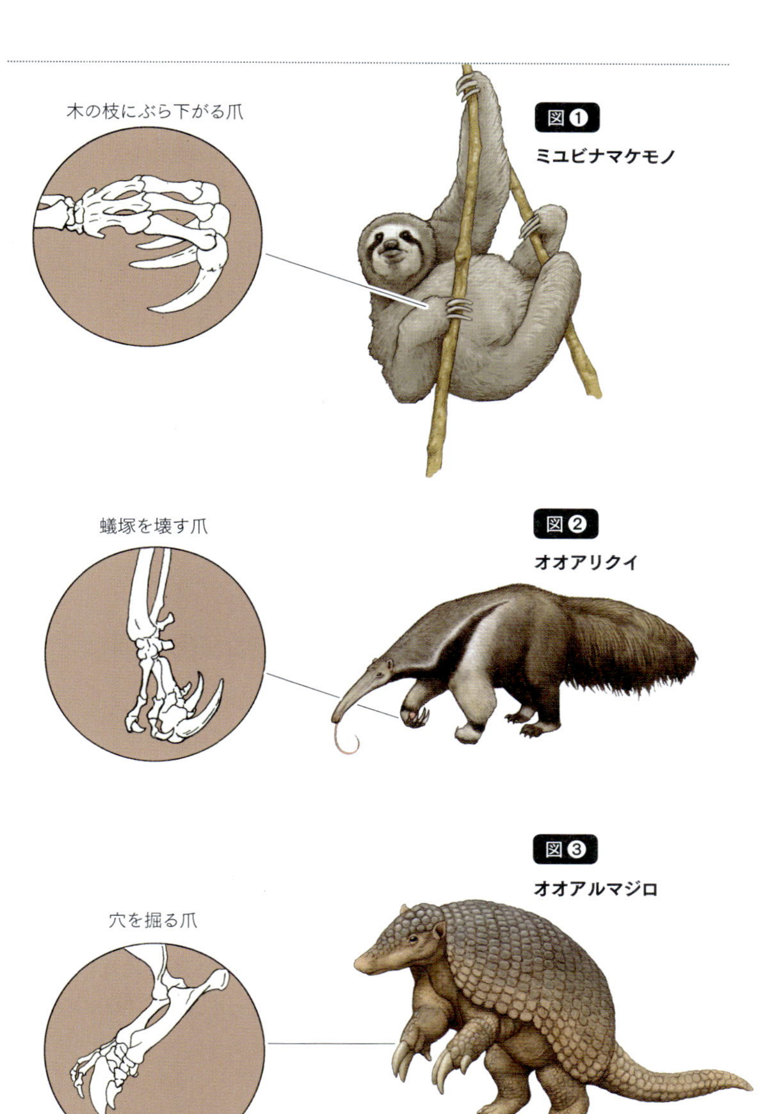
木の枝にぶら下がる爪
図❶
ミユビナマケモノ
蟻塚を壊す爪
図❷
オオアリクイ
図❸
オオアルマジロ
穴を掘る爪

地上性の巨大ナマケモノ

　ナマケモノは食事、睡眠、交尾、出産などを樹上でおこない、生涯のほぼすべてを木の上で過ごす動物です。しかし、大昔のナマケモノの仲間には地上でしか過ごせなかった種がいました。それが1万年ほど前に絶滅したメガテリウムです。なぜ樹上で過ごせなかったかというと、メガテリウムは現在に生息するナマケモノからは、とても想像できないほど巨大だったからです。体長は6m、体重は 3tと推測されており、アフリカゾウ並みの巨大なナマケモノです。このメガテリウムがぶら下がれるほどの大木はさすがに地球上どこにも存在しないでしょう。

　2 本、あるいは 4 本の足で地上を歩いていた地上性ナマケモ

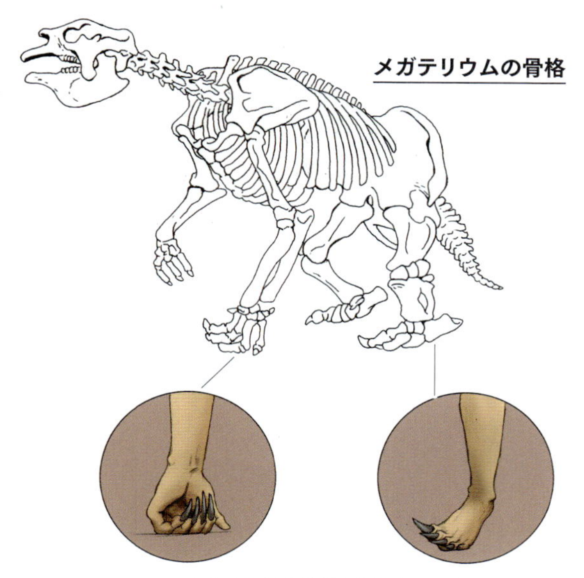

ヒトの手足で表現した場合、この
ような歩き方をしていたとされる

ノのメガテリウムは現生のナマケモノと見た目も生活様式も大きく異なりますが、前足、後足の両方とも立派な爪を持つのは共通しています。メガテリウムは短く太い足で立ち上がり、前足の巨大なカギ爪で木の枝をたぐり寄せて木の葉を食べたり、土を掘り、地下の茎を食べたりしたといわれています。後足にも立派なカギ爪を持っていましたが、4本足で地上を歩くときはその大きな爪は邪魔になるため、前足は手の甲を地面につける、いわゆるナックルウォークでした。後足も足の裏をやや内側に向けるように足の外側を地面につけて、カギ爪が地面にあまりひっかからないように歩いていたとされています。

哺乳類（陸上）

ウサギ

Rabbit

ウサギの大きな耳は頭の上についています。他の動物も頭の上に耳がありますが、ウサギの耳は体に比して非常に大きいのが特徴です。耳の可動域も広く、耳を動かして広範囲の音を拾うことができます。

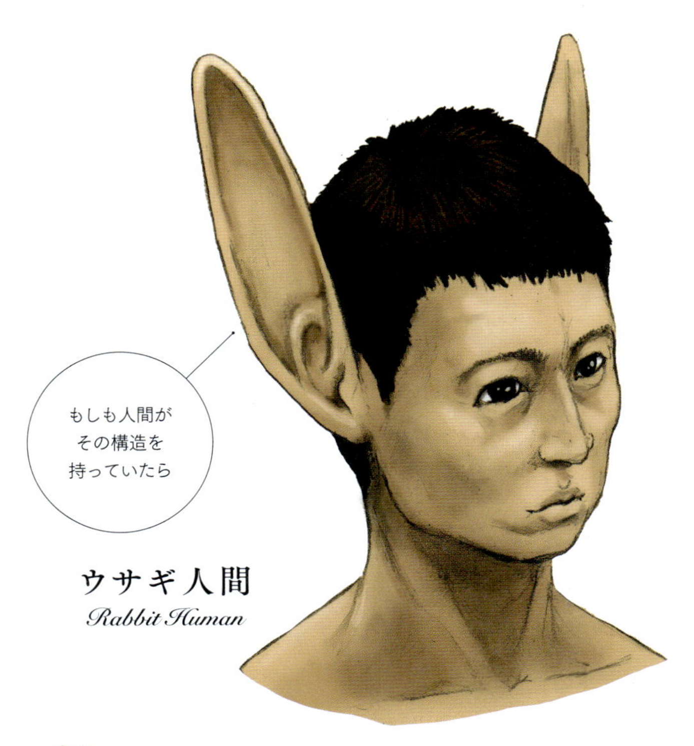

ウサギ人間

Rabbit Human

How to

ウサギ人間の作り方

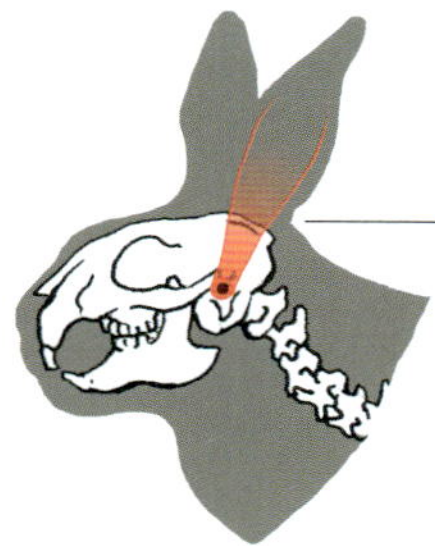

目のすぐそばに耳穴があり、そこから外耳が上に伸びている。耳そのものは軟骨と筋肉でできている

ウサギ

ウサギの骨格

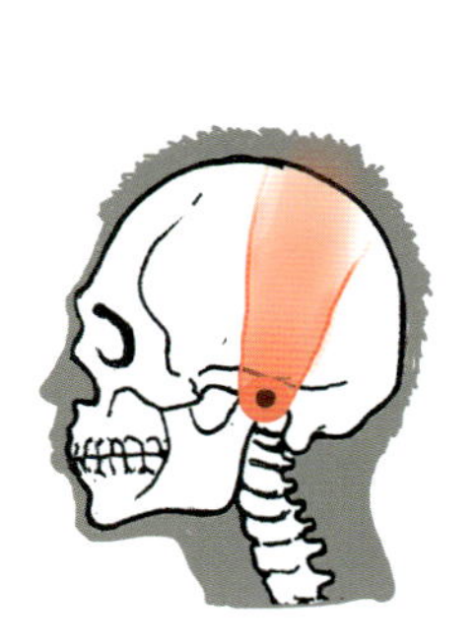

人間は頭の横に耳がついており、内耳は顎関節のところにあるが全体からすると頭の下のほうに位置している

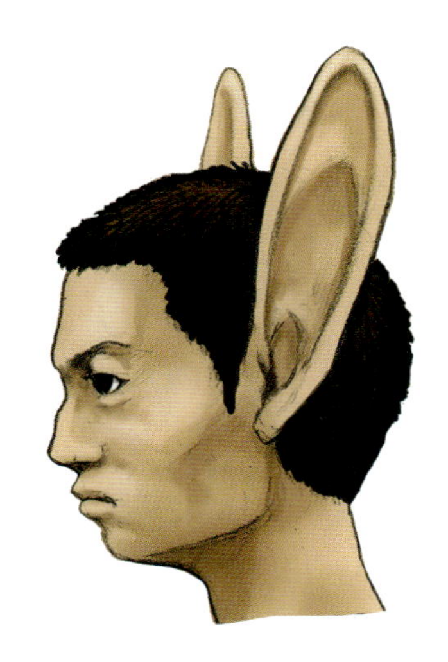

外耳を大きく上方に伸ばして **完成！**

生存するために活躍する耳の機能

体が小さく、ツノや甲羅など身を守るような武器も持たないウサギは肉食動物たちの格好の的になってしまいます。地上ではキツネやイタチなど、上空ではワシやフクロウなどの猛禽(もうきん)類に狙われ、身を守る術もないウサギはいち早く危険を察知して、逃げるしかありません。そこで役に立つのが大きな耳です。

私たちも音が聞こえづらいときは耳に手をあてるしぐさをしますが、耳は音を集めるアンテナのようなものなので、耳が大きいほど、たくさんの音を集めることができます。ウサギはその大きな耳を動かして天敵が近づくかすかな物音も聞き逃さないようにしているというわけです。

また、体の熱を外へ逃がすという大きな役割もあります。図❶ 人間は暑いときや激しい運動で体が熱くなったときは、汗をかいて、体の熱を冷ましますが、ウサギはほとんど汗をかかない動物なので大きな耳を使って体を冷まします。ウサギの耳には血管が網目のようにはりめぐらされていて、この血管を風に当てることで、体中に流れる血液を冷やして、体が熱くなりすぎないようにしています。耳による放熱のしくみはウサギに限らず、アフリカゾウやフェネックギツネなど暑いところに生息する動物が持っており、これらの動物は耳が大きくなる傾向があります。逆に寒いところの動物は耳が小さくなる傾向にあります。図❷

図❷

フェネックギツネ

キツネ

ホッキョクギツネ

暑い地方　寒い地方

暑い地方に住む動物ほど耳が大きくなる傾向がある

図❶

現生のウサギにくらべると後足が短い。耳は化石として残らないため、耳の長さは不明である

パレオラグスより後足を長くし、跳躍力を増やした

アジア発、アメリカで進化した祖先

ウサギの仲間はおおよそ5000万年前に現れました。最古の化石は中国から見つかっているため、アジアが起源と見られています。そこから間もなく北アメリカに広がり、しばらくしてヨーロッパやアフリカに分布を広げていきました。

ウサギの仲間が現在のウサギらしい姿に進化したのはアジアから北アメリカに渡った後のようです。3800万年前の地層から発見されたパレオラグスとよばれる動物の化石は、現在のウサギとあまり変わらない姿で、跳躍に使う後足の骨が現在のウサギに及ばないものの、かなり長くなっていました。図❶

ウサギの仲間が北アメリカ大陸で進化していく一方、ユーラシア

図❷

大陸ではおおよそ2000万年前から800万年前の間でウサギの化石は発見されていません。そのため、この期間のユーラシア大陸ではウサギの仲間が姿を消していたものと見られています。それ以降は北アメリカから渡ってきたウサギの仲間がふたたびユーラシア大陸に生息域を広げていきました。

この頃のユーラシア大陸にいたウサギのひとつ、プリオペンタラグスは、奄美大島と徳之島に分布し生きた化石ともいわれるアマミノクロウサギの祖先といわれており、中国から大量の化石が発見されているほか、日本でも三重県で頭骨の一部の化石がみつかっています。図❷

哺乳類（陸上）

アルマジロ

Armadillo

アルマジロは背中に甲羅を持つ哺乳類です。皮膚に「皮骨」とよばれる小さな骨があり、この無数の皮骨がパズルのように組み合わさって、硬い甲羅をつくっています。この甲羅には蛇腹のような帯があって、曲げることもでき、種によってはダンゴムシのようにボール状に体を丸めることもできます。

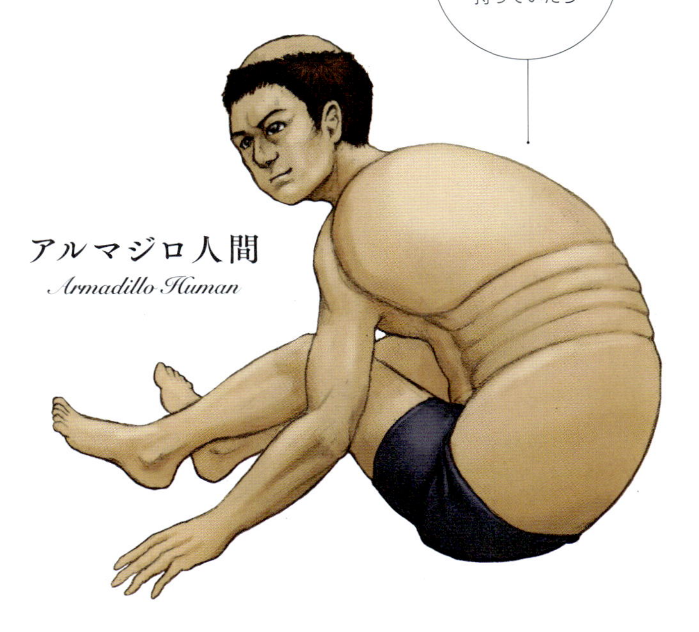

アルマジロ人間

Armadillo Human

How to

アルマジロ人間の作り方

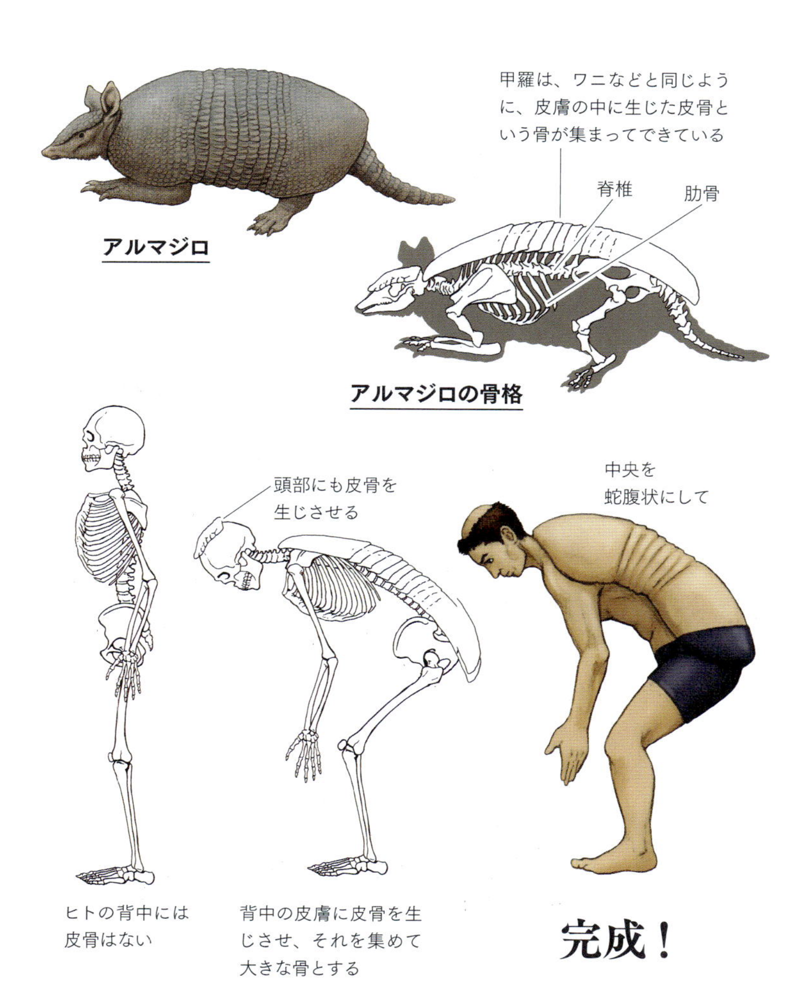

ヒトの背中には皮骨はない

背中の皮膚に皮骨を生じさせ、それを集めて大きな骨とする

完成！

穴掘りに特化した爪と防御の甲羅

アルマジロの仲間は20種いて、それらの大きさは手のひらに乗るほどの小さなヒメアルマジロから体長1m近くもあるオオアルマジロまでさまざまです。アルマジロは新陳代謝が悪く、脂肪をたくわえる機能も十分ではないため、寒さにはたいへん弱く、アルマジロの仲間のほとんどは中南米の暖かい地域に棲んでいます。

日中は地下に穴を掘って暮らしていることも多く、穴を掘るための爪が発達していることも特徴です。オオアルマジロでは、いちばん長い爪は20cmちかくもあります。図❶ オオアルマジロの体長は1mほどですから、体長との比率でみると、爪の長さが2割も占めることになります。現生動物のなかでも、体に対する爪の比率がもっとも大きい動物といえるでしょう。

そしてアルマジロのもっとも大きな特徴といえば、背中の甲羅ですが、肋骨などの骨から形づくられるカメの甲羅と違い、ワニなどと同様、皮膚が変化した甲羅です。そのため、ある程度の柔軟性があり自由に動かすことができます。特にミツオビアルマジロの甲羅はよく曲がり、体を完全なボール状にすることができます。固い甲羅で全身を包んだこの姿勢を続け、外敵が諦めて去るのを待ちます。図❷ 体を丸める印象の強いアルマジロですが、実はこのように体を完全なボール状にすることができるのは、ミツオビアルマジロとマタコミツオビアルマジロの2種だけなのです。

図❶

オオアルマジロ
穴を掘るため、
爪が非常に発
達している

図❷

ミツオビアルマジロ
甲羅は蛇腹状で、固さと柔軟性を
兼ね備えている

図❶

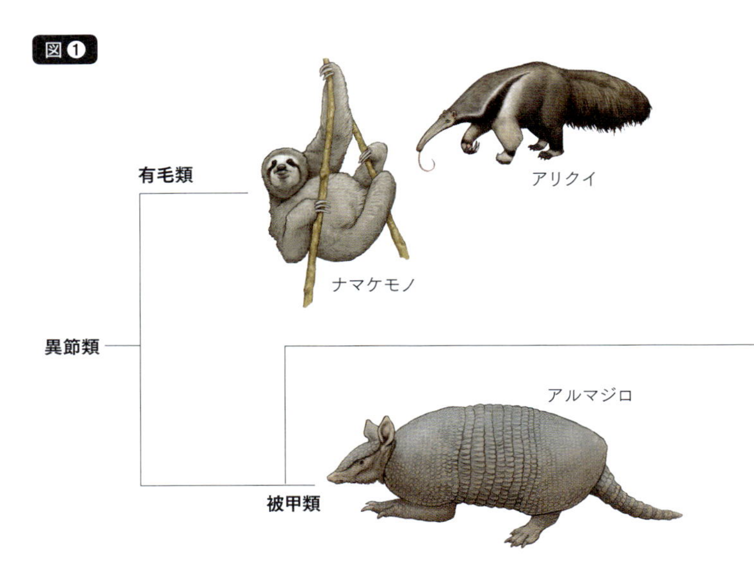

巨大な甲羅や尾を持った祖先

アルマジロが生息する南アメリカ大陸は1億年前から他の大陸から海で隔てられ孤立した島大陸であったため、そこに生息していた哺乳類たちは独自の進化をしていきました。そのため、現在ではアルマジロをはじめ、アリクイやナマケモノなど他の大陸では見られない独特な哺乳類が生息しています。これらの動物は背骨のうち腰椎（ようつい）が他の哺乳類と異なる形をしていたことから、「異節類（いせつるい）」とよばれています。図❶

異節類のなかで、アルマジロの仲間がもっとも早くから出現したグループのひとつで、もっとも古い年代のものは約5600万年前の地層から発見されています。このアルマジロの仲間のなかから

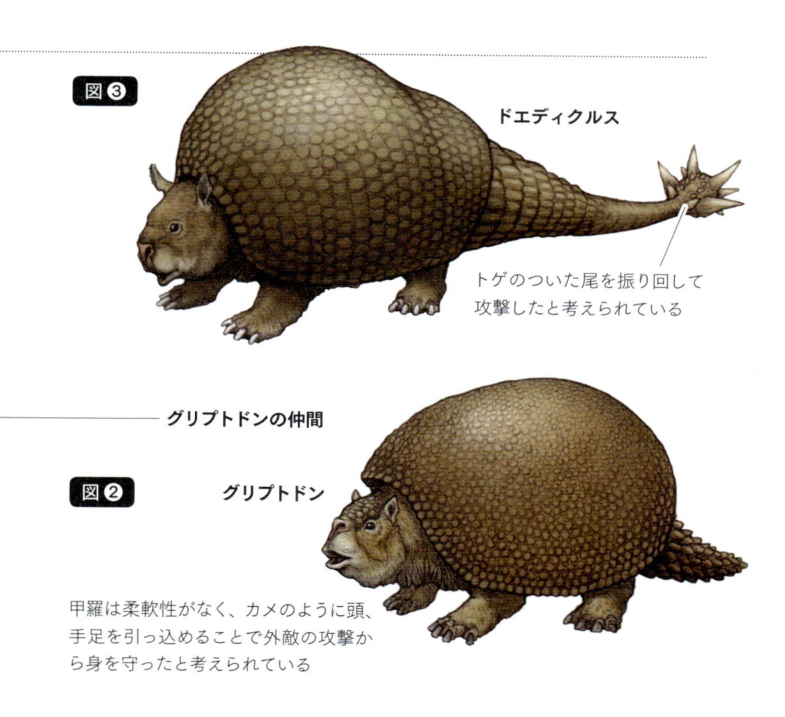

グリプトドン科というアルマジロの親戚が登場しました。代表的な種であるグリプトドンはかなり大型で全長は３ｍにもなります。アルマジロと同じく背中には甲羅があり、ヘルメットのように高く盛り上がった立派なものでしたが、カメの甲羅のようにがっしりとしており、可動性は失われました。図②

グリプトドンの仲間の最大種がドエディクルスで、全長４ｍにも達します。もっとも目立つ特徴が尾で、長さ1mのこの尾は骨のかたまりのように硬く大きな棍棒のようです。先端は細くならず、箱型に膨らんでおり、何かがはまり込む窪みがありました。おそらくそこにトゲがついていたと考えられています。図③

Column.2 牙

セイウチ

犬歯が伸びたもので、オスでは長さ１mほどにもなる

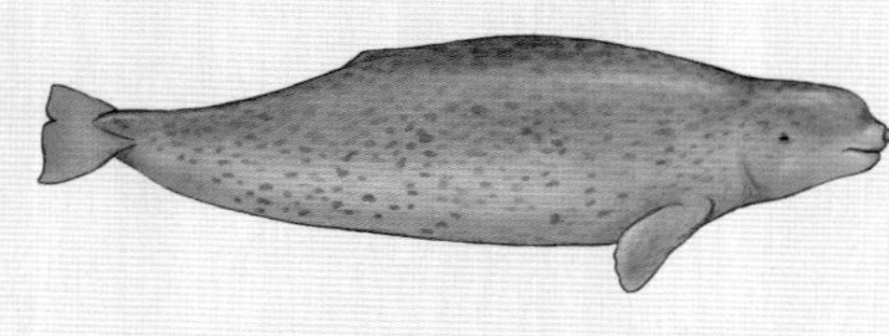

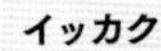

イッカク

前歯がねじれながら伸びたもので、長さ３mに達するものもある

牙の役目

「牙」とは長く尖った歯のことですが、英語ではこの牙を意味する言葉が2つあります。イヌやネコなどの肉食動物の牙は犬歯が長く発達したもので、獲物をしとめるために使いますが、このような牙のことをファング（fang）といいます。一方、ゾウやセイウチ、イッカクなどの牙は、肉食動物のように捕食用に使いません。このような牙はタスク（tusk）といいます。セイウチの牙は海から這い上がるときにピッケルのように氷に突き刺して体を支えたり、オス同士の戦いに使ったりします。イッカクの前方に伸びた1本のツノのような牙は、神経が通っており、気圧や温度の変化を敏感に感じとる感覚器ともいわれています。

Chapter:3

哺乳類
（水中・地中・空中）

Other mammals

哺乳類（水中・地中・空中）

クジラ

Whale

人間の肩から手首までを「腕」、手首から先を「手指」といいますが、腕と手指の長さをくらべると、腕のほうがずいぶんと長くなっています。それにくらべ、腕と手指がヒレとなったクジラは、その骨格をみると、腕の骨は短くなり、指の骨は長くなっていて、クジラの腕と手指の長さは同じくらいになっています。

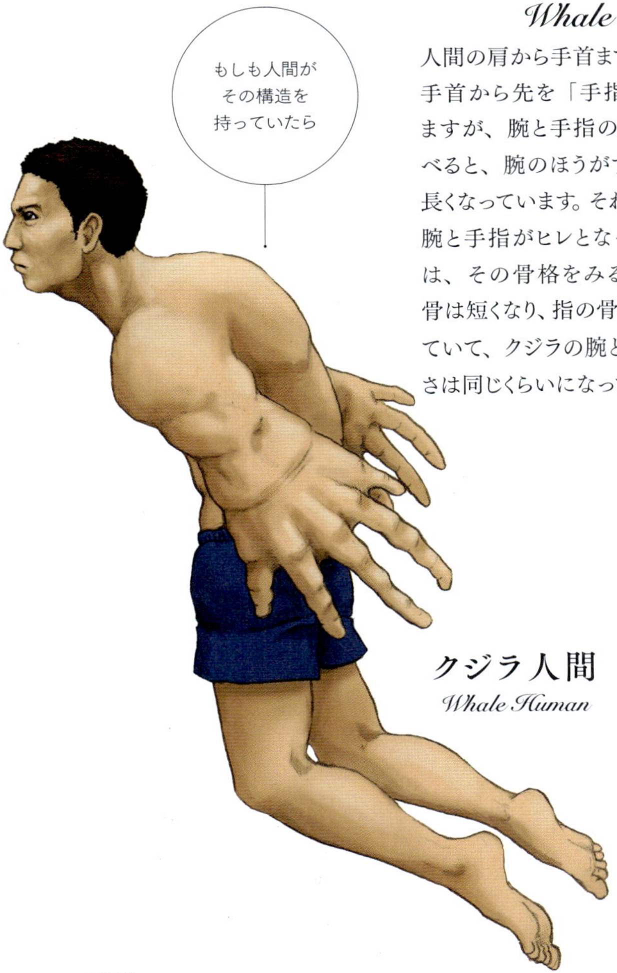

もしも人間が
その構造を
持っていたら

クジラ人間
Whale Human

How to

クジラ人間の作り方

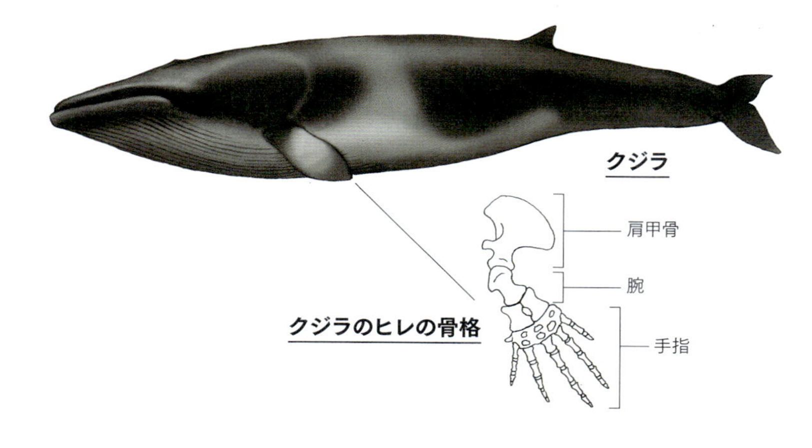

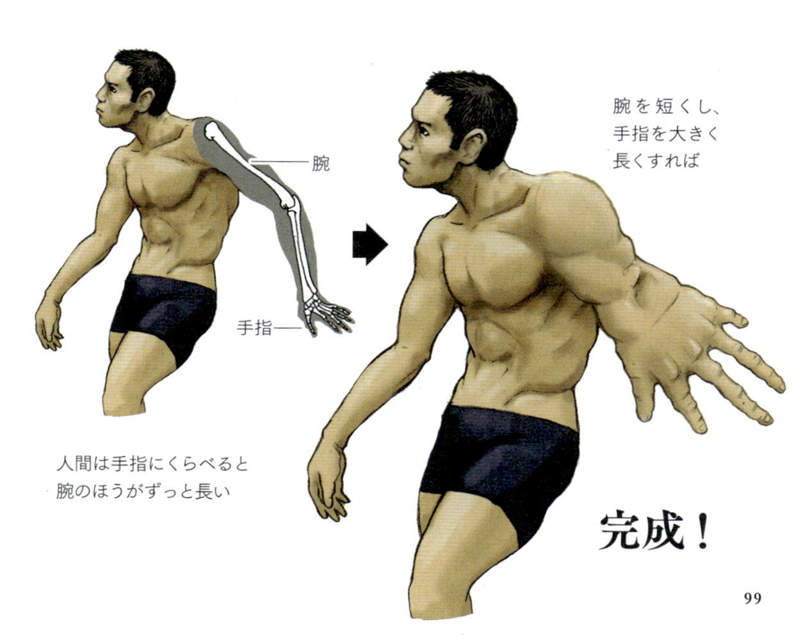

泳ぐのに特化した骨格

哺乳類のなかでも、水中での生活に適応し、海を活動の場にする海生哺乳類はクジラの仲間以外にも多くいます。アザラシは陸から海に潜り、魚介類などを食べる雑食動物でジュゴンは浅瀬でアマモなどの水生植物を食べる草食動物です。いずれも陸に近い海を活動の場としていますが、クジラは陸からずっと離れた遠洋まで分布をひろげ、地球規模の距離を回遊するものもいるように、もっとも水生適応した哺乳類といえます。そのため体にも水中での生活に適応した要素が多く見られます。

人間の腕と手指にあたるクジラの前ビレは泳ぐときの舵取りに使われます。基本的に哺乳類の指骨は14個ですが、クジラはヒ

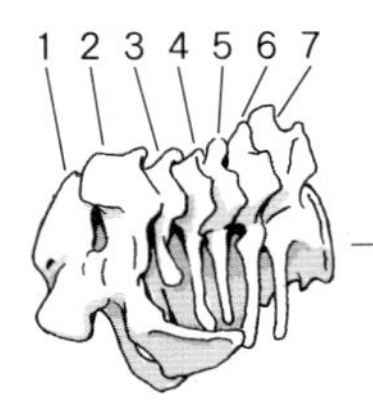

頸椎（けいつい）

哺乳類であるクジラは他の哺乳類同様、頸椎は7つだが、短く融合している

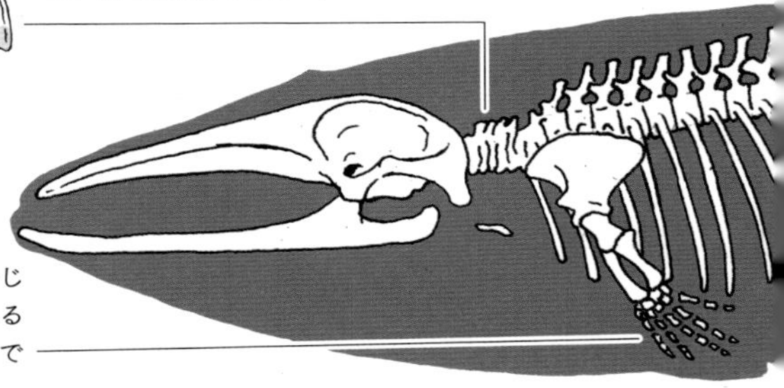

ヒレ

おもに泳ぐときのかじ取りに使う。骨をみるとヒトと同じ5本指であることがわかる

レの力を強くするためにさらに多くなっています。

泳ぐときに推進力を出す役割をするのは尾ビレです。水平に伸びる尾ビレを上下に振って、海の中を泳ぐわけですから、クジラは哺乳類のなかでもとりわけ尾の骨は多く、柔軟に動くようになっています。尾の柔軟性とは対照的にクジラの首の骨は柔軟性を欠いています。首の骨は他の哺乳類と同様に7つありますが、多くの種で首の骨は融合して、ひとつの骨の塊のようになっています。泳ぐときは頭から水の抵抗を受け、水を切って進むわけですから、頭があちこち動かないように首の骨には柔軟性がないほうがよいのです。

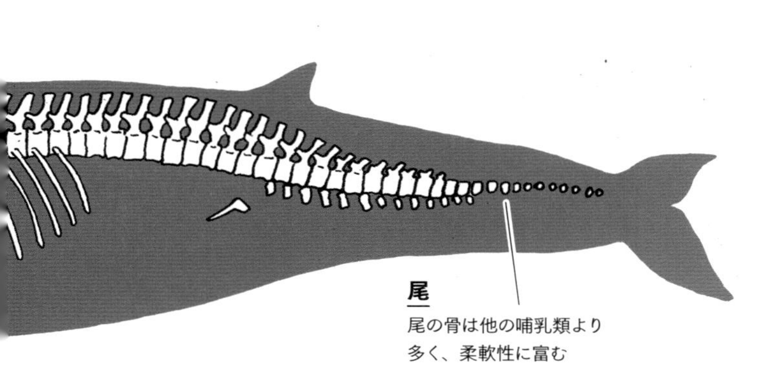

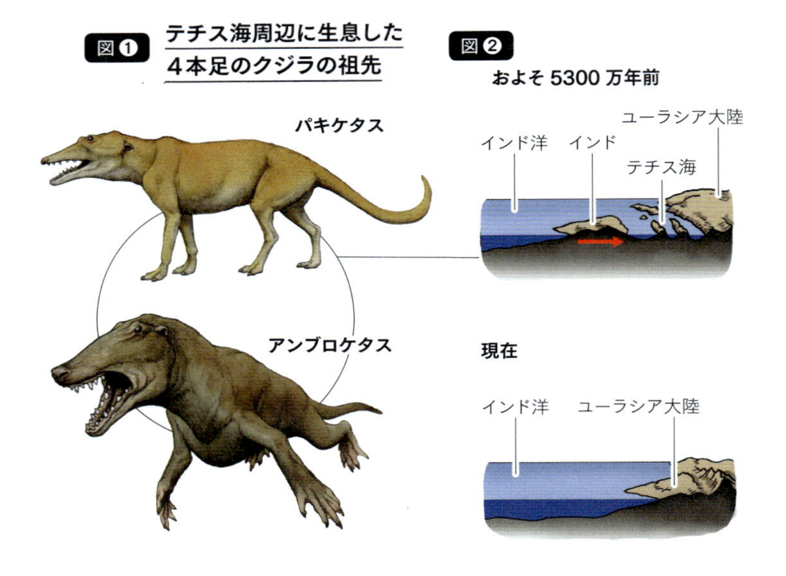

海から陸へ、そしてまた海へ

今からおよそ3億7000万年前に魚の仲間からヒレが変化して4本の足になり陸を歩くものが現れました。哺乳類に分類されるクジラの祖先も、4本の足で歩く動物でした。

知られる限り、もっとも古く原始的なクジラの仲間はパキケタスとよばれる種です。パキケタスの化石はインドの西側にあるパキスタンのおよそ5300万年前の地層から発見されました。パキケタスは長く伸びた吻(ふん)部や歯並びなど頭部をみるとクジラの面影はありますが、泳ぎに使うヒレはなく、4本の足を持っていました。またパキケタスの化石が発見された一帯には、他にもアンブロケタスやクッチケタスなど4本足を持つ原始的なクジラの化石が数多く

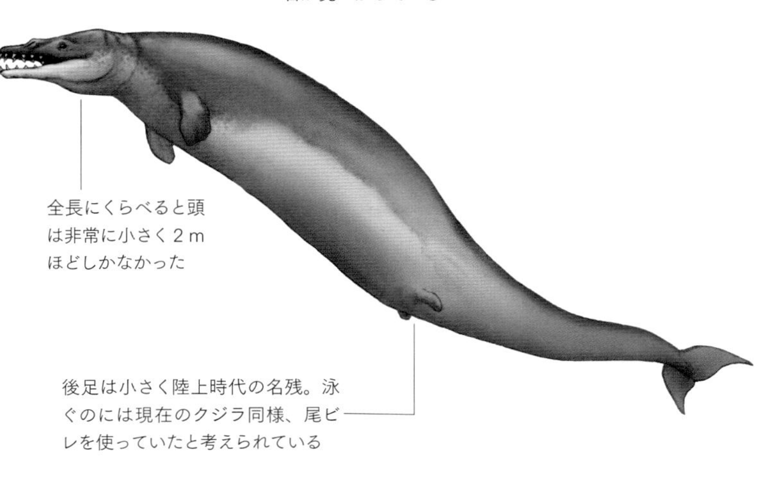

発見されています。図❶

実は４本足のクジラが生息した時代、インド付近は現在と異なる地形をしていました。インドは今より南に位置し、海に浮かぶ孤立した小さな大陸でした。そのインドとユーラシア大陸の間に、テチス海という温暖な浅い海が広がっていました。図❷ 4本足のクジラたちは、次第にその海に生活の場を移し、今のような姿に進化していったのかもしれません。その後、彼らはさらに水生適応し、世界じゅうの海に分布を広げました。それを裏付けるように、足がヒレとなり、クジラらしい姿になったバシロサウルスなどの化石が世界じゅうで発見されています。図❸

哺乳類（水中・地中・空中）

モグラ

Mole

陽が差す地上にほとんど姿を現さず、暗い地中で過ごすモグラ。水中よりもはるかに抵抗が強い地中を進めるように、土を掘っていくのは前足です。それだけにモグラの前足は大きく強靭です。前足の骨は太く短く頑丈にできていて、体全体の骨格の大部分を占めています。

もしも人間が
その構造を
持っていたら

モグラ人間

Mole Human

How to

モグラ人間の作り方

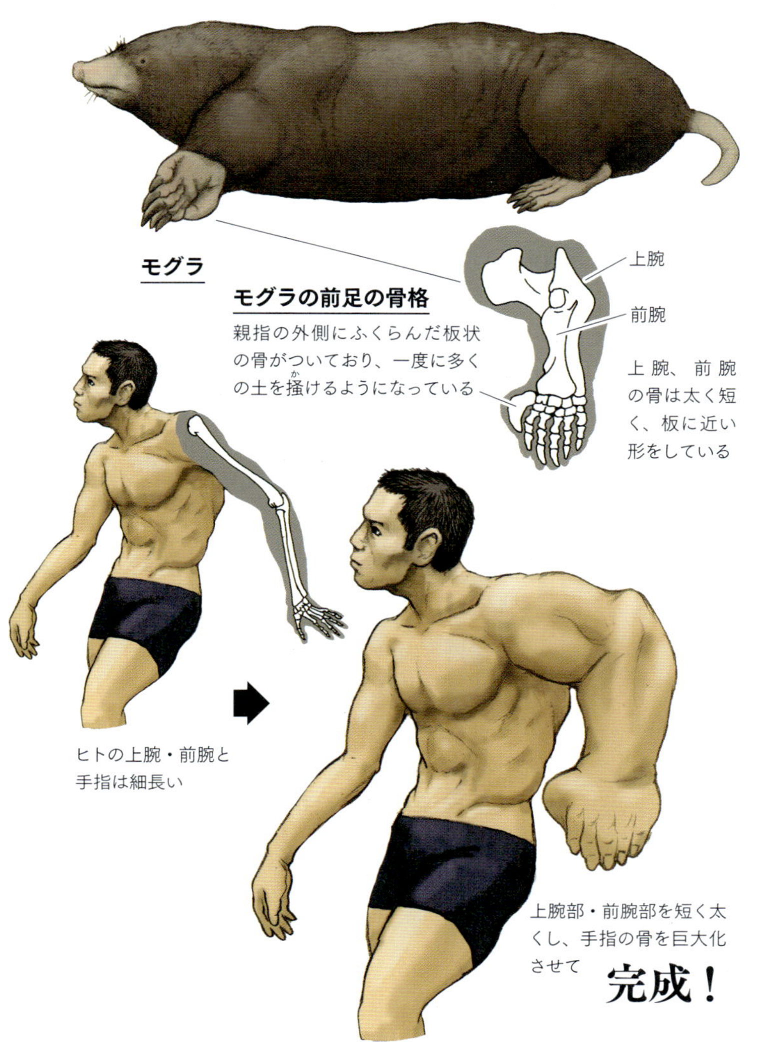

土を掘る強靭な前足

モグラは身近で誰もが知っている動物だとしても、地上にめったに出てくることがないため、その姿を私たちがみることはほとんどないでしょう。まれに地上で死んでいるモグラもいることから、日光にあたると死んでしまう動物ともいわれていましたが、そんなことはありません。ただ、まっ暗な地中に生息するモグラは特に視力を必要とせず、目が退化しています。そのため光を認識することもないので、明るさに弱いというわけではないのですが、日光を浴びると体が温まりすぎて弱ってしまうのです。また、モグラは暑さだけでなく、寒さにも弱く、暑さも寒さもあまり関係のない地中で過ごしているというわけです。

さて、モグラは土を掘って地中を移動します。これはかなりの重労働で、土を掘る前足は大きくしっかりしています。たいていの動物の前足の骨は細長いものですが、モグラの前足は狭い地中を進みやすいように、短く太く頑丈です。また突起や尖った部分が多く、これが発達した筋肉の固定点にもなります。

そして、モグラは平泳ぎのように土を掘りますが、外側に向いた手のひらには土を掻くための大きな爪があり、さらに親指の外側には三日月状の特殊な骨があります。この骨により手のひらの面積が大きくなり、スコップのような手のひらで、掘った土を後ろへ効率よく掻き出すことができます。

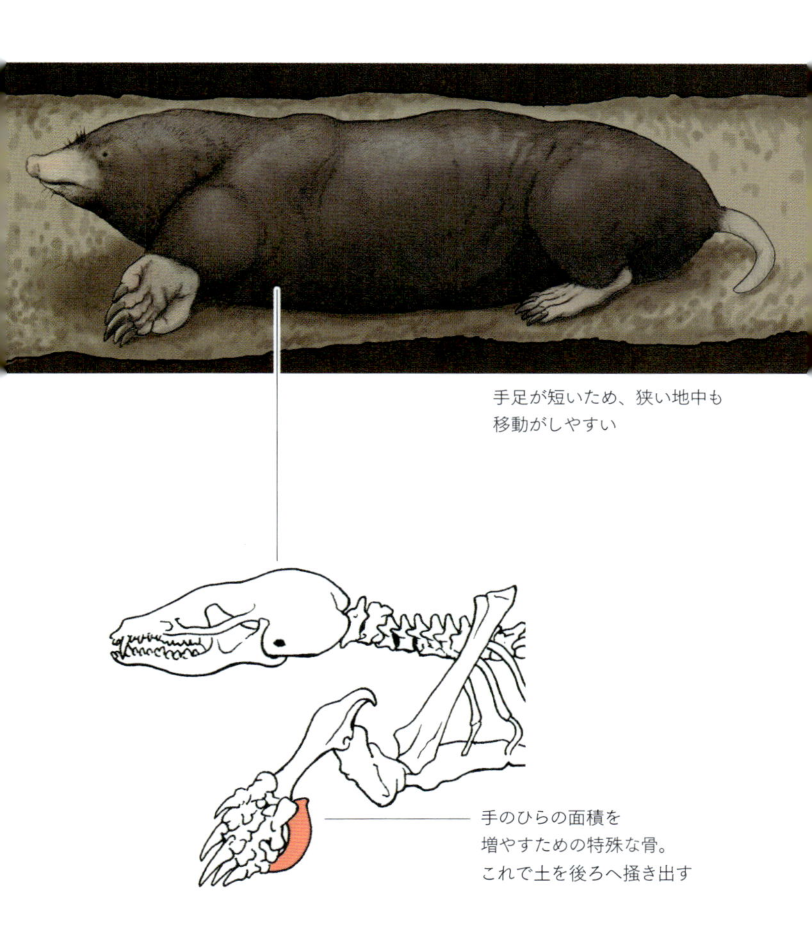
手足が短いため、狭い地中も
移動がしやすい
手のひらの面積を
増やすための特殊な骨。
これで土を後ろへ掻き出す

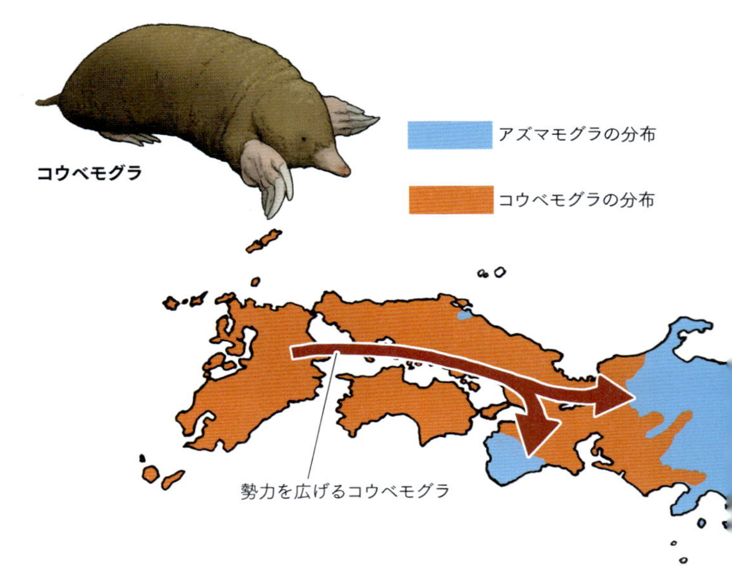

2 種のモグラの勢力争い

北海道を除いた日本列島には 5 種ほどのモグラが生息していますが、日本の2大派閥とよばれるモグラが、「アズマモグラ」と「コウベモグラ」です。この2種のモグラの分布域はちょうど日本を東西に分けるように北陸から東海あたりを境にして、東側にアズマモグラ、西側にコウベモグラが生息しています。

しかし、日本の東側に分布するアズマモグラは西側にも紀伊半島南部に飛び地のように分布していますが、コウベモグラが東側に生息していることは確認されていません。このアズマモグラとコウベモグラの分布域の現状から、コウベモグラが西の端から徐々に生息域を拡大し、アズマモグラを東へ追いやっていると考えら

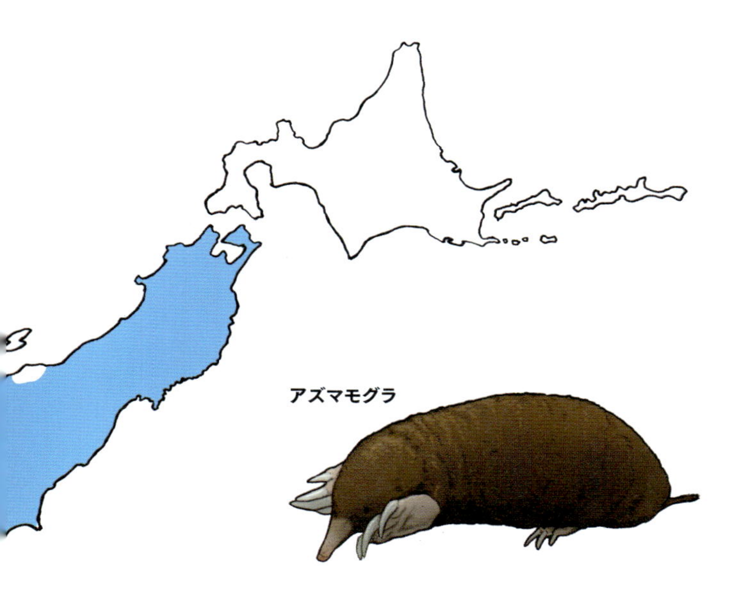

れています。

60 万年前から 45 万年前の大昔、日本列島は形成されつつありましたが、まだ人類（ホモ・サピエンス）も現れていないころから、すでにアズマモグラとコウベモグラの勢力争いは始まっていたと考えられています。当時は中国、四国地方一帯にもアズマモグラが生息しており、大陸から日本へやってきたコウベモグラはまだ九州周辺にとどまっていたと見られています。なぜ、コウベモグラが優勢になっているのかはよくわかっていませんが、両者のちがいはコウベモグラのほうがアズマモグラよりもひと回り大きいことぐらいです。

哺乳類（水中・地中・空中）

コウモリ

Bat

コウモリは哺乳類では唯一、翼を羽ばたかせて自由自在に空を飛ぶことのできる動物です。コウモリの翼は前足の手のひらが大きく変化したものです。前足の親指以外の指の骨が傘の骨のように細長く伸びて、それらの指の間と後足まで皮膜が張られています。この構造が自分の体よりも大きな翼を持つことを可能にしています。

もしも人間が
その構造を
持っていたら

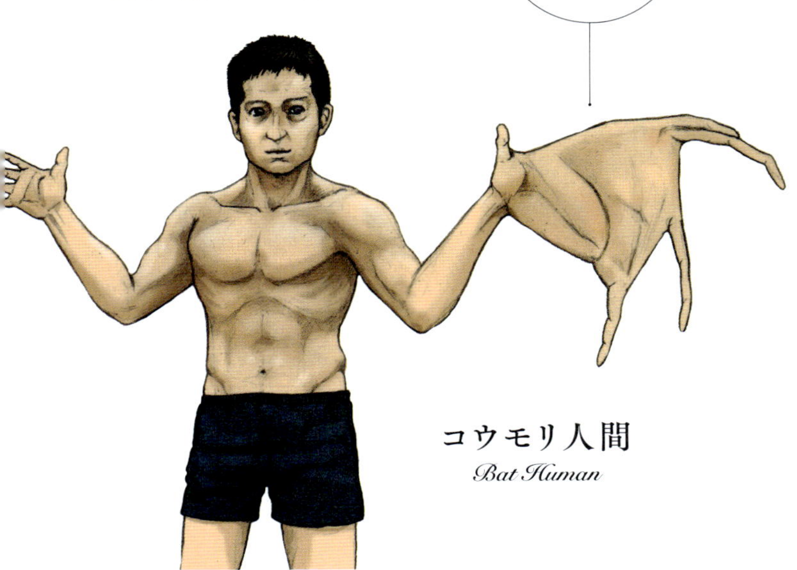

コウモリ人間

Bat Human

How to

コウモリ人間の作り方

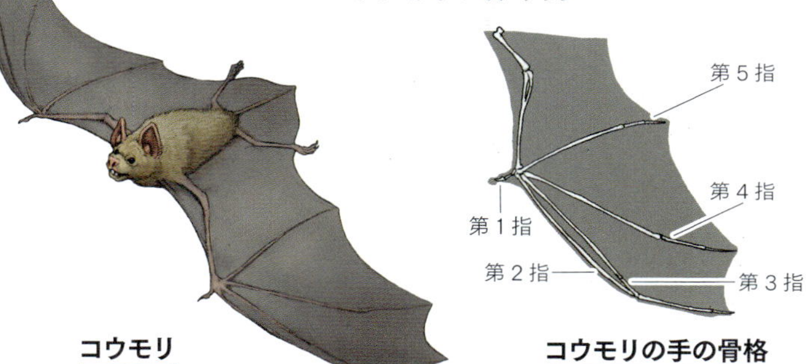

コウモリ

コウモリの手の骨格

第２指は退化して第３指に結合している

人間の手は第２指～第５指が並んでおりコウモリにくらべると指の長さも短く間隔も狭い

第2指～第5指をそれぞれ伸ばし、第２指（人差し指）と第３指（中指）を融合させ、指の間に皮膜を張り

完成！

オートロック式の後足

コウモリは、哺乳類で唯一、飛行できる動物です。しかも、ムササビなどのように滑空するのではなく、鳥のように羽ばたけるため、エサとなる虫を空中で捕食することができます。しかし鳥などのように少ない力でも飛翔できるようにするためには、体を軽量化することが絶対条件でした。

コウモリにとって、胴体より大きな翼を羽ばたかせるために胸の筋肉が必須である一方、後足は筋肉が極限まで退化し、骨と皮だけの貧弱なものになっています。そのため、コウモリは後足で歩くことはおろか立つことすらできません。地上でやむなく移動するときは、たたんだ翼と後足で四つん這いになり、這いつくばるように歩きます。鳥のように地上から飛び立つこともできないので、天井に逆さまにぶら下がった状態から飛翔します。

天井のでっぱりなどを後足でつかむとき、コウモリは筋肉ではなく、特殊な「腱」を使っています。腱とは骨と筋肉をつなぐロープのようなものです。後足の指が天井をつかむと、その特殊な腱からノコギリ刃のようなものが出て、腱をトンネルのようにつつんでいる「腱鞘」の内側にある突起と噛み合うようになります。これで天井をつかんでいる後足の指がロックされた状態になるのです。このしくみによって、コウモリは意識して力を使うこともなく、天井にぶら下がったまま眠ることすらできるのです。

ぶら下がり時のコウモリの後足の指

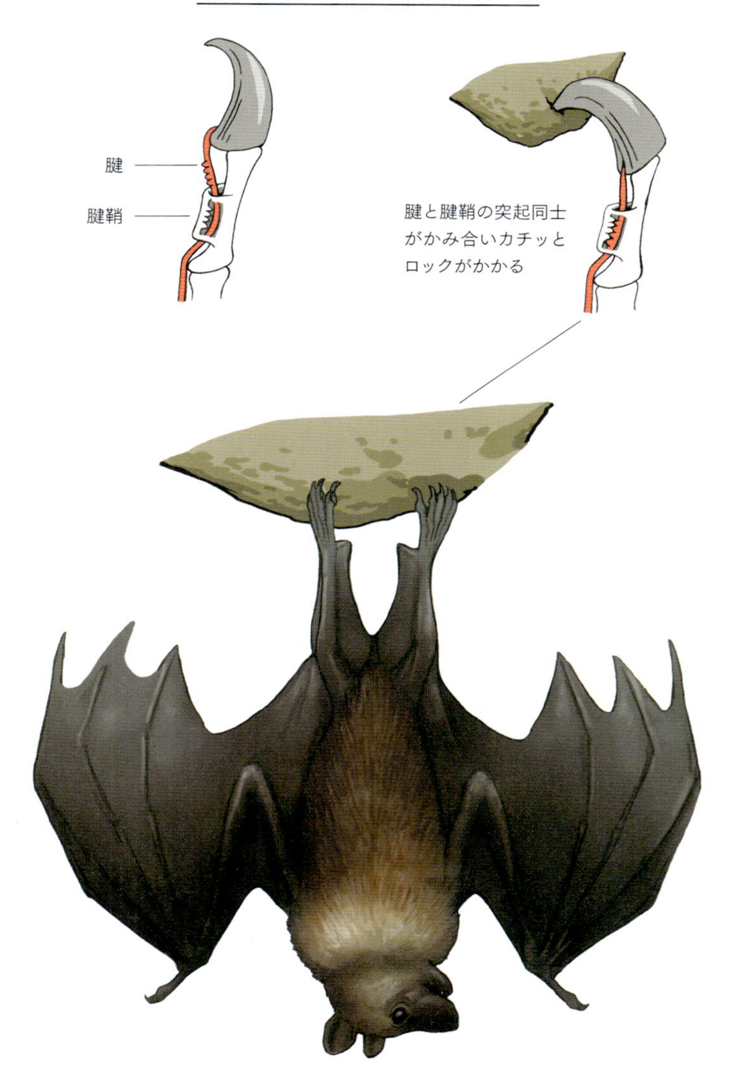

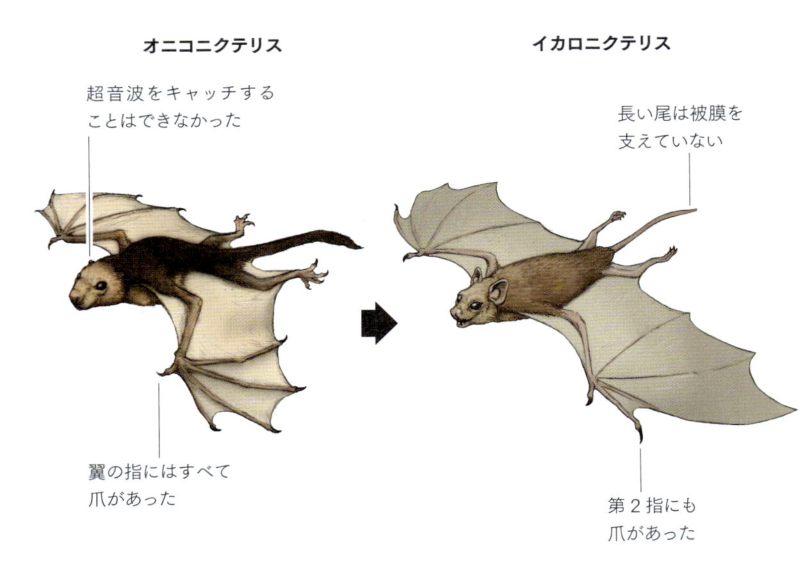

2つの能力から見るコウモリの祖先

コウモリは飛翔の他にも、自分が発した超音波の反射をとらえて障害物や獲物の位置を知るエコーロケーションという能力を持っています。この2つの能力のおかげで闇夜に空を飛び、エサを探す動物になりました。このような動物はコウモリ以外にほとんどいないため、競合相手のいない隙間産業にうまく入り込むような形で成功した動物といえます。

しかし、空を飛翔する生態だったためか、コウモリの化石は残りにくく、発見された化石は少ないため、大昔のコウモリがどのように進化していったのかは、よくわかっていません。長らく最古のコウモリの化石とされたのがおおよそ5250万年前に生息したイカ

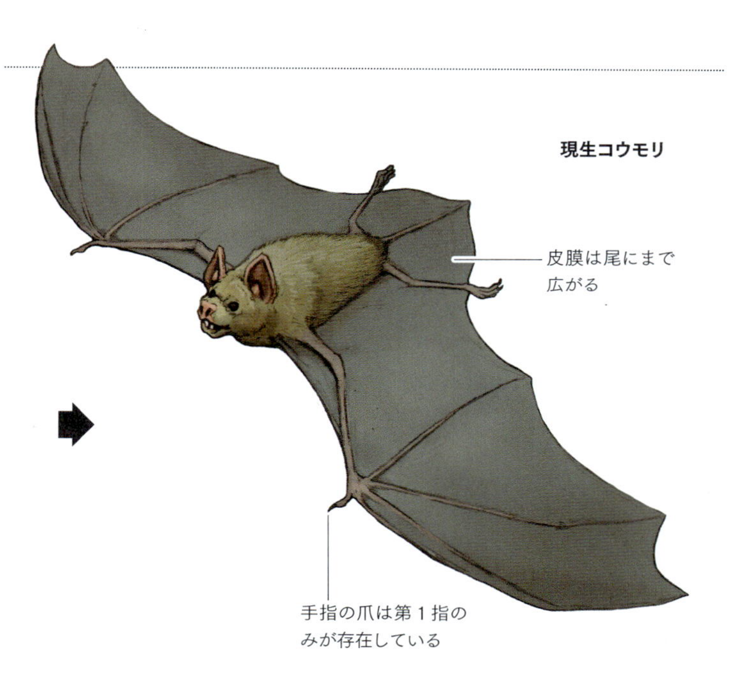

ロニクテリスです。外見的には現在のごく普通のコウモリとあまり変わりませんが、胸の筋肉を支える胸骨の発達があまり見られない、尾が長く翼の皮膜の支えになっていない、翼の人差し指に爪があるなどの点で原始的といえます。

最近になってイカロニクテリスよりも原始的なコウモリ、オニコニクテリスの存在が報告されました。５本の指すべてに爪がある点でより原始的で、なによりも、エコーロケーションに必要な耳骨の特徴を備えていませんでした。このことから、コウモリは最初に飛翔能力を持ち、その後にエコーロケーションの能力を持つように進化したと見られています。

哺乳類（水中・地中・空中）

アシカ

Sea Lion

アシカはおもに海で活動する海生哺乳類ですが、陸を歩くこともできます。歩くときも泳ぐときも前足を使うため、つくりはとてもしっかりしています。陸を歩行する動物の前足は腕の部分の骨が長く、指の骨は短くなっていますが、アシカは水中でも活動するため、その比率が逆になっています。

もしも人間が
その構造を
持っていたら

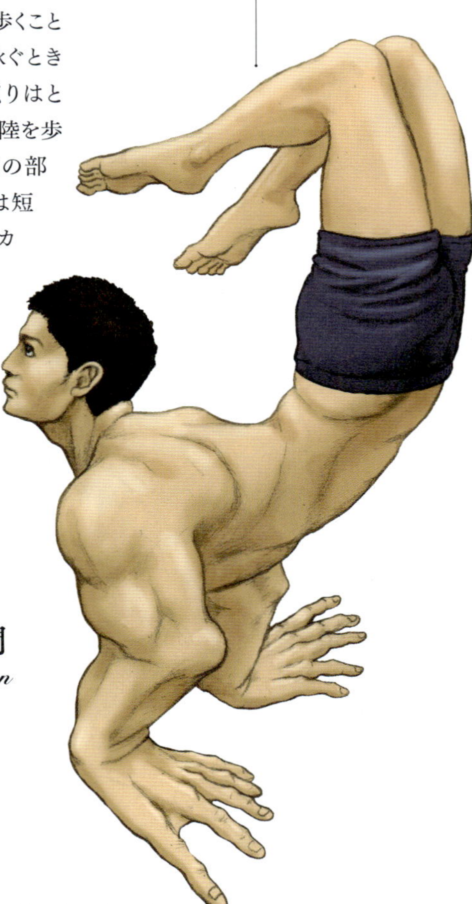

アシカ人間

Sea Lion Human

How to

アシカ人間の作り方

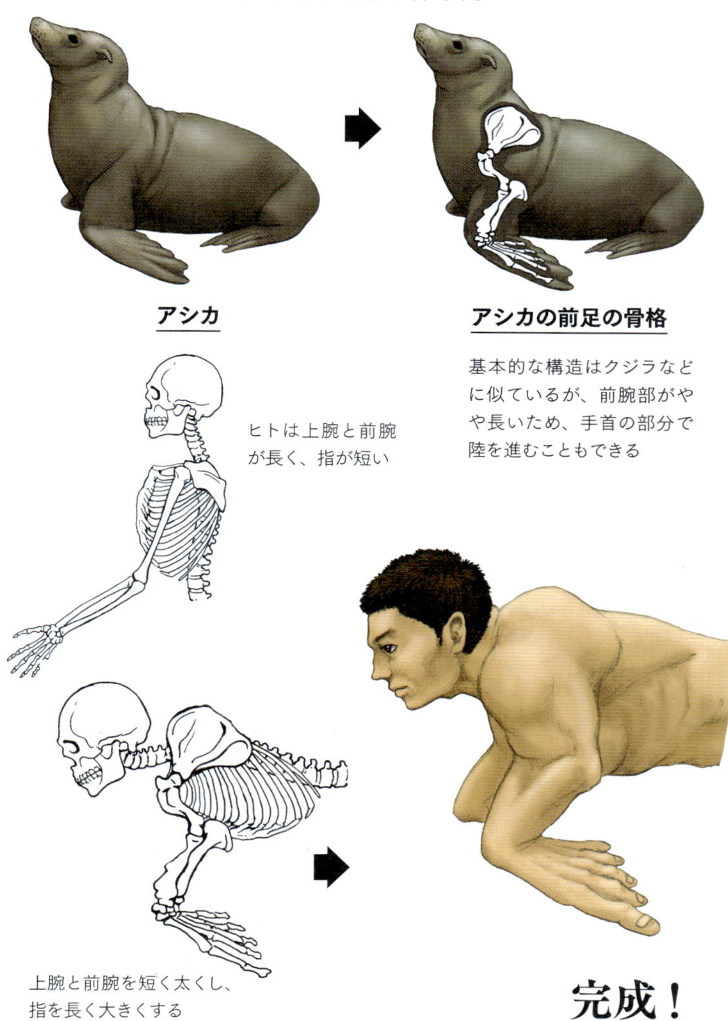

水陸両用哺乳類の手のちがい

アシカなどの足がヒレになっている動物は分類上で「鰭脚類（ききゃくるい）」というグループにまとめられており、トドやアザラシ、セイウチなど色々な種類がいます。

トドやオットセイはアシカの仲間ですが、アザラシはアシカの仲間ではありません。アザラシも海の中を泳ぐだけでなく、陸も移動できますが、陸の移動の仕方や泳ぎ方に大きな違いがあるのです。アシカの仲間は水中では前足を使って泳ぐのに対してアザラシは体の後ろ側に伸びた後足を尾ビレのように使い、全身を振って泳ぎます。水中ではアシカよりも速いスピードで泳げますが、アザラシは陸を歩くのがあまり得意ではありません。アザラシの後足は体の後ろ側に伸びているため、地上では後足を前に出すことができません。前足も貧弱なため、4本の足で歩くことはできず、胴体をひきずりながらイモムシのように這って移動します。その点において、アシカは地上では後足を前に出すことができるので、しっかりとした前足で上体を起こし、4本の足で体を持ち上げて歩くことができます。

鰭脚類にはアシカとアザラシの他にも、セイウチの仲間がいます。セイウチはアザラシのように後足を振って泳ぎ、アシカのように後足を前に折り曲げて4本の足で歩くこともできるアシカとアザラシの中間的な体のつくりをしています。

アシカのなかま

アザラシのなかま

セイウチのなかま

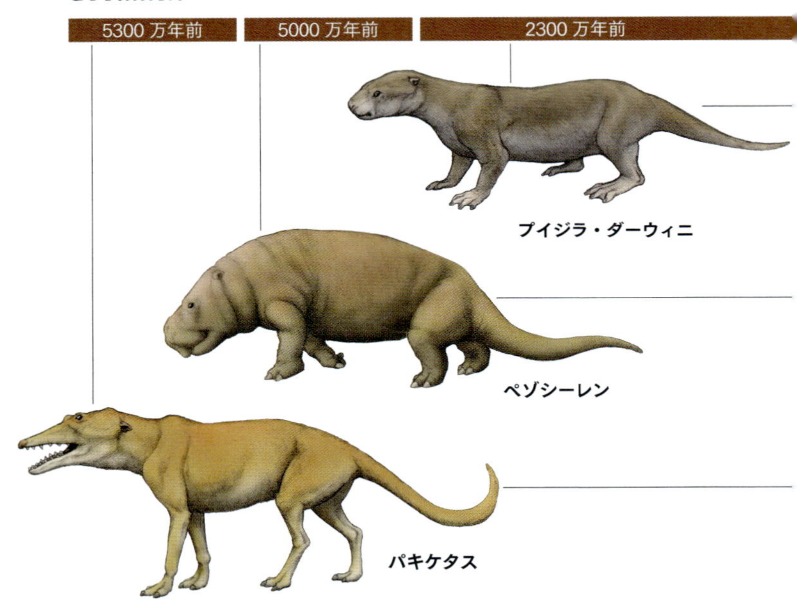

4 足歩行していたアシカの祖先

海生哺乳類には、アシカなど鰭脚類の他にもクジラやジュゴンなどがいます。海生哺乳類は進化の過程で水生適応したもので、その祖先はヒレになっていない 4 本の足を持ち陸上を歩いていたことを示す化石がすでに発見されています。クジラは 5300 万年前のパキケタス、ジュゴンなどの海牛類は 5000 万年前のペゾシーレンが祖先にあたります。

当然ながらアシカの祖先も陸上を歩いていたことは想像がつきますが、それを示す化石はこれまで見つかっていませんでした。ところが 2007 年、カナダ北極圏のデボン島で、2300 万年前に隕石が落ちてできたホートン・クレーターの調査の際に、偶然に

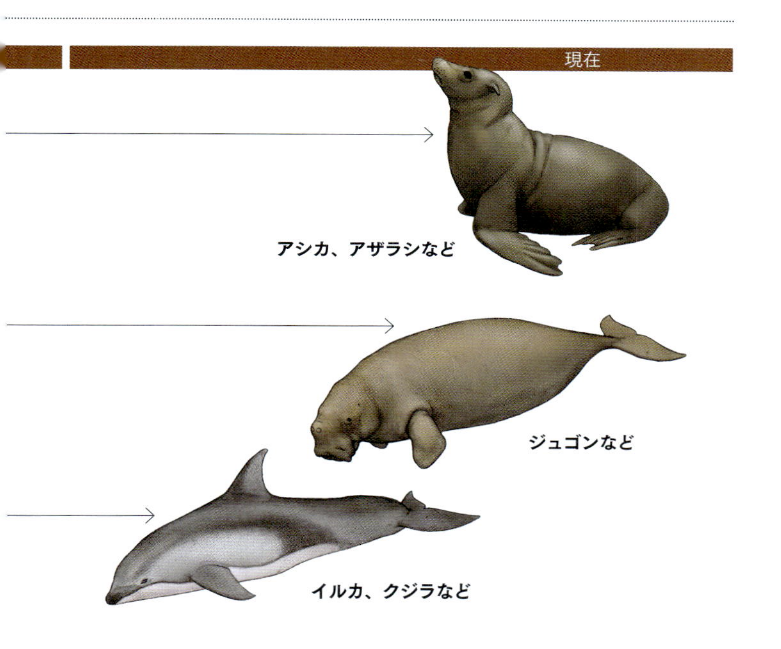

もヒレになっていない足を持つアザラシの化石が発見されました。「プイジラ・ダーウィニ」と名づけられたこの新たな種は、鰭脚類にない長い尾を持っていました。外見はカワウソそのものといわれています。プイジラ・ダーウィニは北極圏の湖や川などの淡水域に生息していましたが、当時の北極圏は温暖でした。しかし、気候の変化が激しくなってくると、その環境に対しての適応を余儀なくされ、しだいに海に生息するようになったと考えられています。これまで鰭脚類は北アメリカの北西部海岸で進化したという定説がありましたが、プイジラ・ダーウィニの化石が北極圏で発見されたことは、この定説が覆される可能性を示しています。

哺乳類（水中・地中・空中）

カバ

Hippopotamus

カバはどことなく温和なイメージがある動物ですが、実は縄張り意識が強く、神経質で凶暴です。牙を持った口を大きく開けて、相手を威嚇（いかく）します。人間が口を開く角度は30度ほどですが、カバの口は150度も開くことができます。

もしも人間が
その構造を
持っていたら

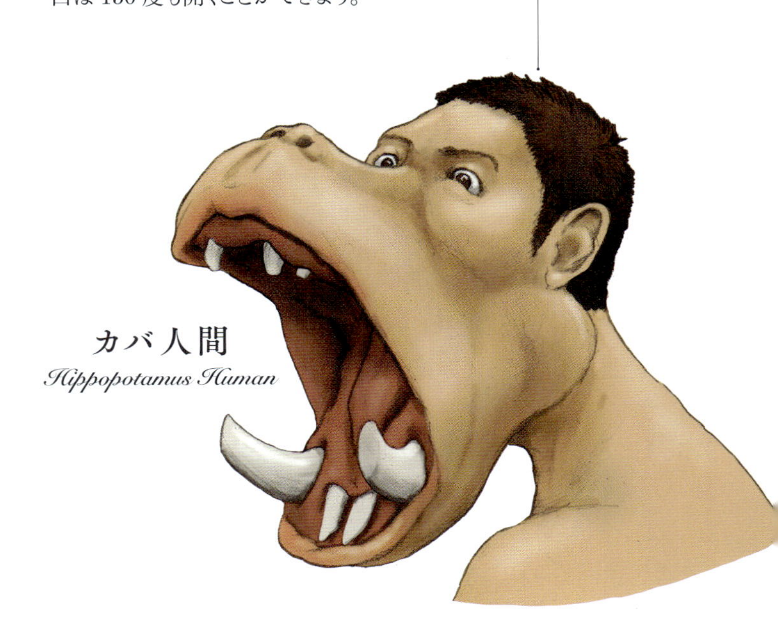

カバ人間
Hippopotamus Human

How to

カバ人間の作り方

カバ

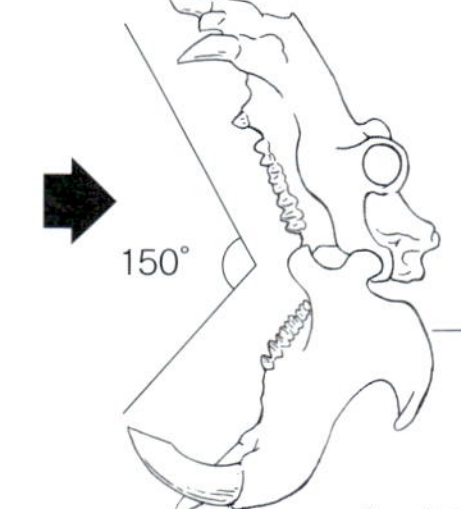

カバの骨格

アゴの関節が頭骨のかなり後ろのほうにあり、発達したアゴの骨と筋肉で150度も開くことができる

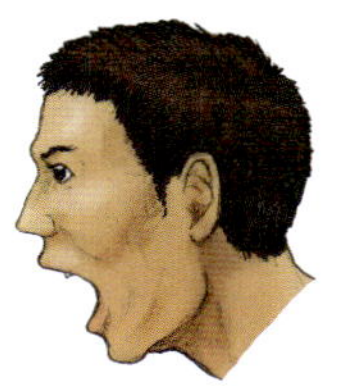

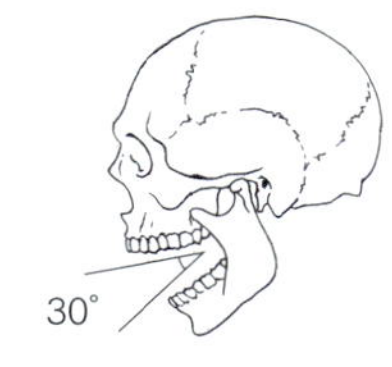

人間のアゴの可動域はどんなに開いても30度

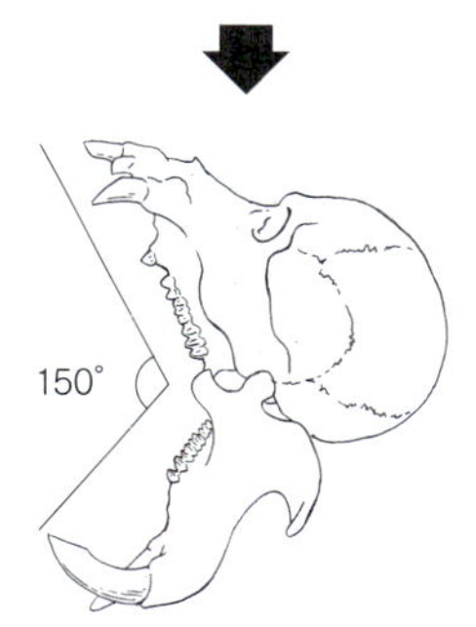

アゴの骨自体を巨大化し、前にせり出させ、可動域を150度まで広げる

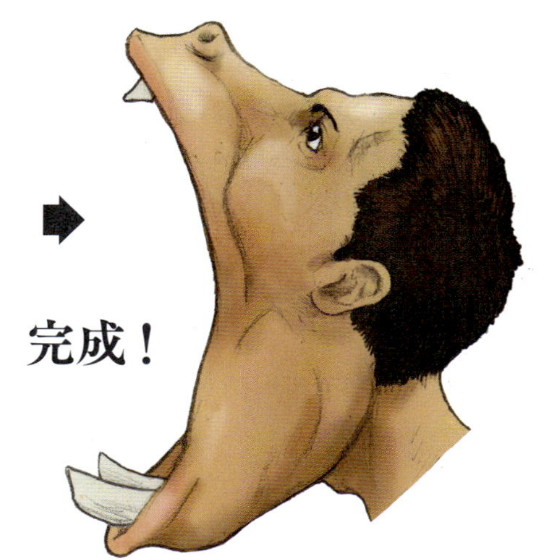

完成！

イメージに反した肉体構造

カバの顔は丸々として温厚そうに見えますが、その頭骨の骨格を見ると、大きいもので長さ 50 cmもある巨大な牙が並び、トゲトゲしく、かなりのコワモテになります。

この見た目のギャップと同様、カバは見た目から想像できないほど神経質で獰猛な動物です。動物による殺害事故でもっとも多い件数をほこる動物はライオンでもワニでもなく、カバなのだそうです。噛み付きによる攻撃も強力で 150 度も口を開くことのできるアゴの筋肉から繰り出す噛みつき力は、ワニの体を真っ二つに食いちぎることができるほどです。しかし、基本は草食動物のため、咀嚼には臼歯を使います。

カバは昼間、水中で過ごし、夜に陸に上がって草を食べる草食動物ですが、シマウマなど動物の死骸を食べることも報告されております。インパラを捕食し、仲間とともに食べる現場が撮影され世界的に反響を呼びました。

そして樽(たる)状の大きな胴体と短い足から、走るのは苦手そうに見えますが、陸上で走る速度は時速 40km に達するといわれています。足の骨格をみると、体に比して意外と長く、ウマやイヌのように、カカトが人間とくらべて上のほうにある、走る足の構造になっています。外見やイメージをこれだけ裏切る動物は他にはいないでしょう。

カバの目

目は頭骨のかなり上についている。これにより、水中から目と鼻だけ出して陸の様子をうかがえる

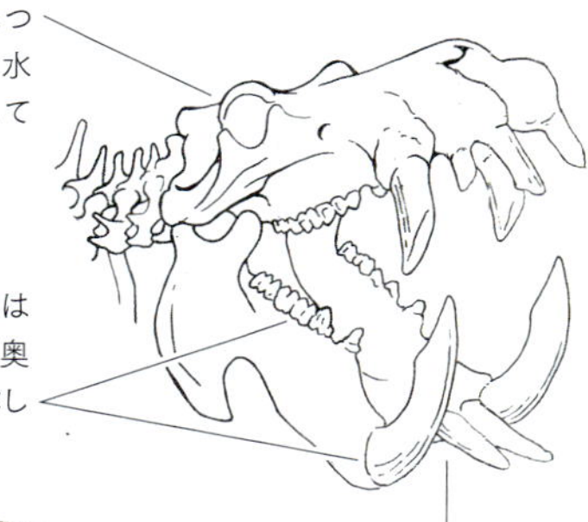

カバの歯

手前側の巨大な犬歯は咀嚼には使用せず、奥の臼歯で草をすりつぶして食べる

カバの足

水の中で過ごす時間が長いため、長時間体を支える必要がない。そのためゾウなどの大型陸上動物より、足は小さい

クジラ・イルカ
完全な水生適応で大きく姿を変えた

意外な祖先

見た目から想像がつかないような意外性があるカバですが、もうひとつ意外なことがわかりました。近年の遺伝子分析による研究結果によると、カバとクジラは近い類縁関係にあることがわかったのです。

カバはウシをはじめ、ラクダ、キリンなどの偶蹄類に分類される動物です。偶蹄類は、2本または4本の蹄を持つ動物であることから、その名でよばれていますが、クジラも偶蹄類に含めるといった新たな見方がされるようになりました。そうして生まれた新たなグループ名が「クジラ偶蹄類」です。

カバとクジラが同じ仲間であるというのも想像しづらいものです

カバ

DNA 分析の結果クジラにもっとも近い動物はカバだった

が、クジラの仲間もその祖先をたどれば、およそ5300万年前にはウシやカバのように4本足で歩く動物でした。（p102 ～ 103参照）4本足で歩くクジラの祖先は水中の生活に移る進化の過程で姿を変えました。水中で過ごすことの多いカバも、目と鼻は水面から出しやすいように頭部の高い位置にあるなど水辺で暮らしやすい体になっていますが、クジラは足や尾の先がヒレに変化し、完全に水中に適応した体に変わりました。そのため、カバやウシとはまったく違う姿になったのです。このように、たとえ類縁関係が近い動物であっても、進化の過程で生息する環境に適応して、その姿を大きく変えることがあるようです。

Column.3 毛

センザンコウ

センザンコウの鱗は薬の材料としてアジアやアフリカなどで人気があり、密猟が絶えない

タテガミヤマアラシ

背中や首の後ろのトゲを逆立てて敵を威嚇する。敵に向かって後ろ向きに突進し、このトゲで攻撃することもある

毛を武装に変化させた動物

哺乳類の多くは体毛に覆われています。体毛は体温の保持や体の表面の保護などの役割を持っていますが、この体毛を変化させて、身を守る武器としている動物もいます。たとえば、ヤマアラシは背中から鋭く細長いトゲが無数に生えています。体毛から変化したこのトゲは硬く、ゴム製の長靴も貫くほどです。他にも、アルマジロに似た動物、センザンコウは全身が硬い鱗で覆われていますが、これも体毛が変化したものです。この鱗は、アルマジロ同様、固い装甲としての役目を果たしますが、センザンコウの鱗は鋭いため、尾を振り回して攻撃に使用することもあります。

Chapter.4

鳥類

Birds

鳥類

鳥

Bird

鳥は大きな翼を羽ばたかせて、力強く空を飛びます。それはとても激しい運動なので、翼を動かす胸の筋肉がとても発達しています。またその筋肉を支える胸骨もとても大きく、骨格をみるとたいへん目立ちます。空を飛ぶため、体の軽量化は必要不可欠ですが、胸の筋肉だけは軽量化のために削ぎ落とすことはできなかったようです。

もしも人間が
その構造を
持っていたら

鳥人間

Bird Human

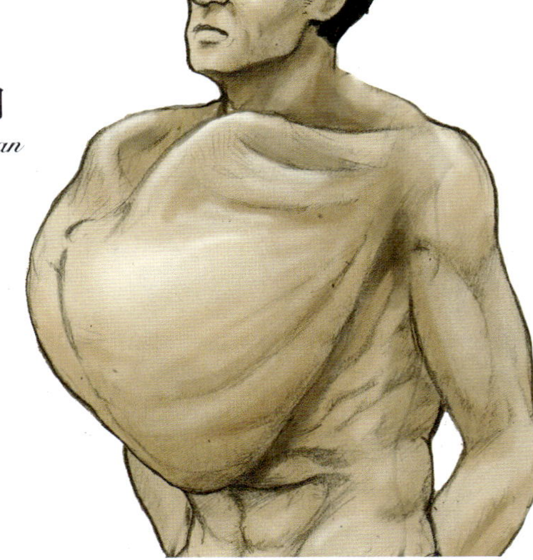

How to

鳥人間の作り方

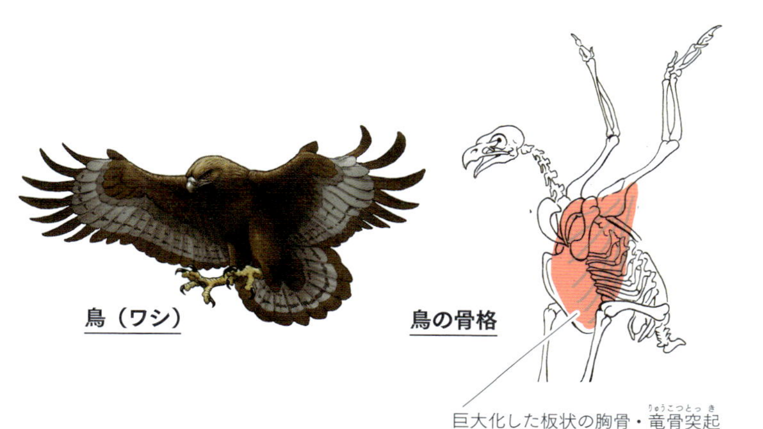

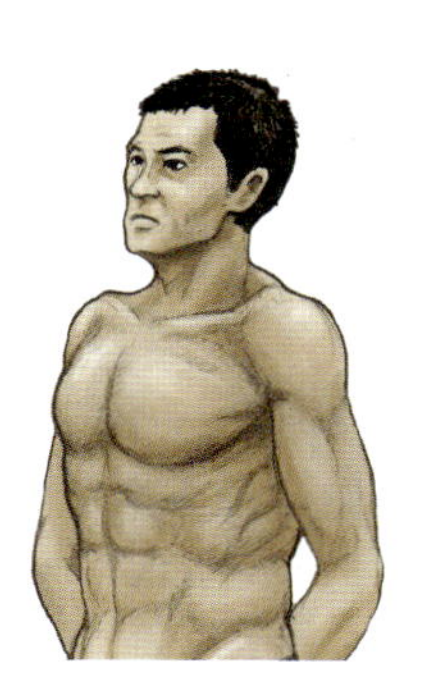

人間の胸筋も
トレーニングなどで
肥大させることが
可能

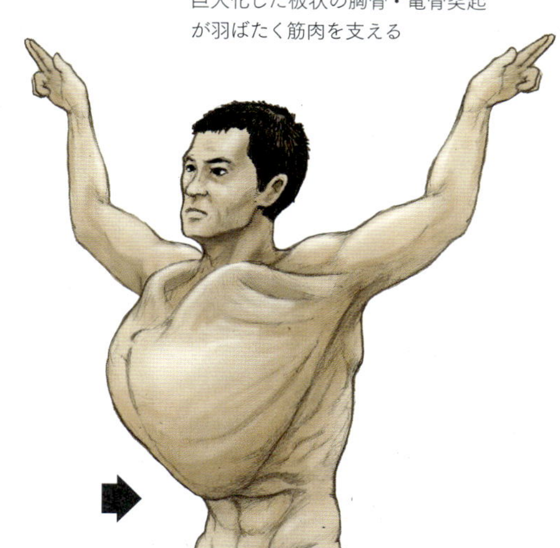

鎖骨を前に出し、異常な
ほど胸筋を発達させれば

完成！

翼を羽ばたかせる鳥の胸筋

家庭でよく料理に使用されるポピュラーな鶏肉はムネ肉、ササミ、モモ肉の3つですが、鳥が翼を羽ばたかせる筋肉はこのうちのムネ肉とササミです。ムネ肉は大胸筋という筋肉で、鳥が羽ばたく際にこの大胸筋を収縮させて、翼を力強く振り下ろすことができます。図❶

その一方でムネ肉である大胸筋に覆われる形で内側にあるのがササミです。これは小胸筋という筋肉で、この筋肉を収縮させて翼を振り上げることができます。図❷これを交互におこなって翼を羽ばたかせるというわけです。空を飛んでいるときは、常に大きな翼を振り上げたり、振り下ろしたりを続けているわけですから、たいへんな運動量になるため、大胸筋と小胸筋といった胸の筋肉がたいへん発達しています。

鳥は空を飛ぶために、骨などを融合させ、骨の中をスカスカにするなど可能な限り軽量化された体になっていますが、羽ばたきのための筋肉を支えるには大きな骨が必要です。そのため、これらの発達した筋肉を支えるための鳥特有の骨があります。私たちヒトには胸の中央、みぞおちから喉元にかけて走る胸骨という骨がありますが、鳥にはこの胸骨から突出した「竜骨突起」という骨があります。図❸この突出した竜骨突起と発達した胸筋によって、鳥はかなり胸が突き出た、いわゆる「鳩胸」になっているのです。

鳥の羽が羽ばたくしくみ

図❶

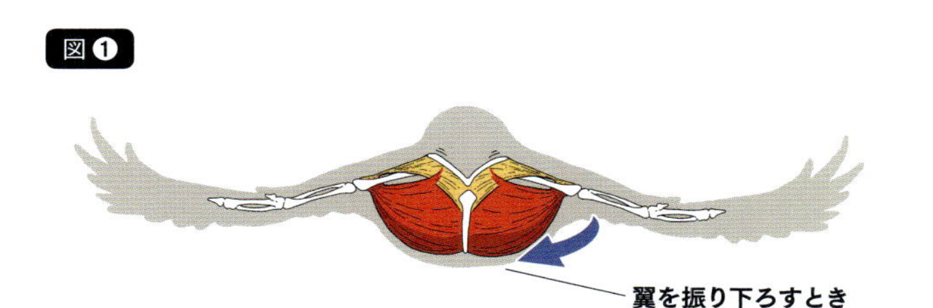

図❷

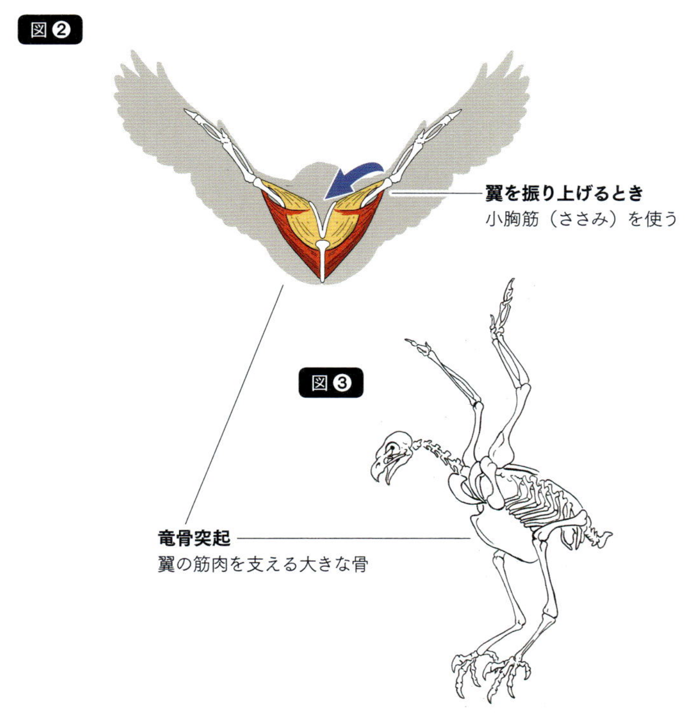

図❶

始祖鳥ロンドン標本
1861 年、最初に報告された標本

始祖鳥ベルリン標本
1877 年、2 番目に報告されたもっとも有名な標本

最初の鳥・始祖鳥

私たちが「鳥」と呼ぶ動物が地球上で最初に登場したのは、今から 1 億 5000 万年前の大昔。その鳥が「始祖鳥」です。始祖鳥の化石はドイツ南部で発見されていますが、この地域は化石産地のなかで、もっとも有名な地域となりました。というのも、始祖鳥の化石が発見されたのは 1861 年。その 2 年前にはチャールズ・ダーウィンが「種の起源」を出版し、聖書の教えが支配的だったそれまでの価値観を根底から覆す進化論が浸透しつつありました。始祖鳥の化石は体を覆う羽毛と翼の跡がくっきり残され、一見すると鳥とわかる風貌ですが、歯や長い尾があるなど鳥には見られないはずの爬虫類のような特徴がありました。まさ

に爬虫類から鳥類に進化する中間の動物というべき化石で、進化論を強く後押しする証拠となったのです。図❶

さて、爬虫類と鳥類の両方の特徴を持つ始祖鳥は鳥のような立派な翼を持っていますが、それを羽ばたかせる胸の筋肉がなかったといわれています。始祖鳥にはその筋肉を支える竜骨突起が欠けていたからです。最近の研究によると、後足と爬虫類のような長い尾にも羽が生えており、合計5枚の翼を持っていることがわかっています。羽ばたくことができなくても、5枚の翼をひろげて、グライダーのように高いところから低いところへ滑空していたといわれています。図❷

鳥類

フラミンゴ

Flamingo

動物園でおなじみのフラミンゴのシュッと伸びるあの細長い足。しかしこの細長いのは足全部ではなく、膝下だけなのです。私たちが見ている足の関節部分は足首にあたり、膝は羽毛に隠れてしまって外から見えません。そして、つねに膝を曲げた状態で太ももは膝下にくらべて、たいへん短くなっています。

もしも人間が
その構造を
持っていたら

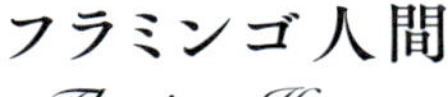

フラミンゴ人間

Flamingo Human

How to

フラミンゴ人間の作り方

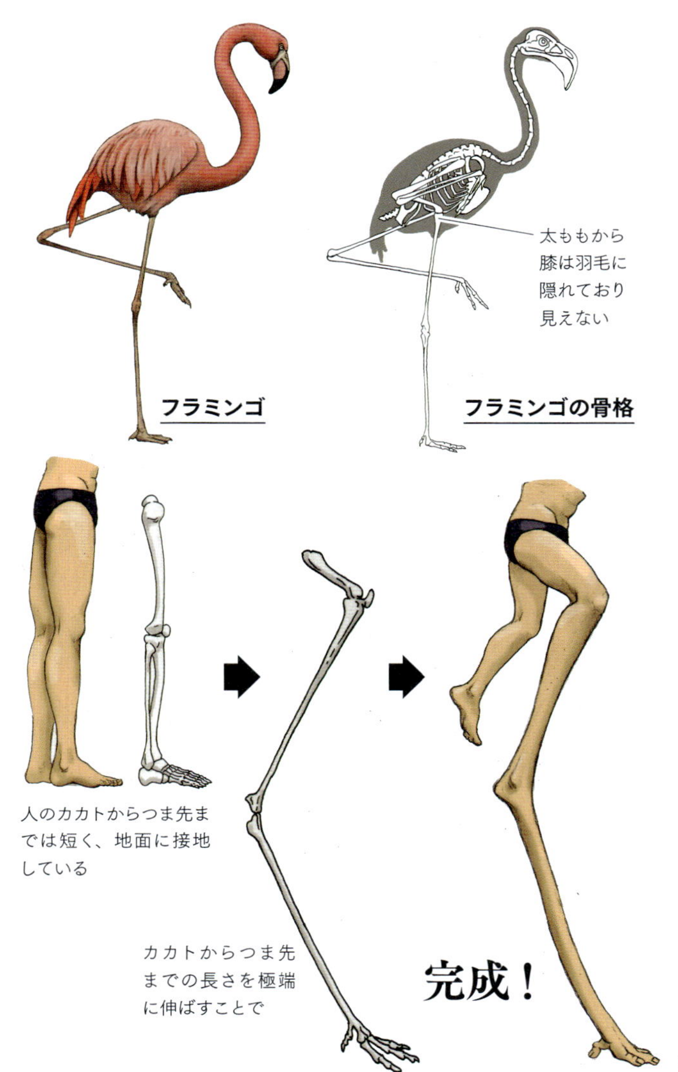

フラミンゴが片足で立っているわけ

何万羽という大きな群れをつくり、塩湖やアルカリ性の湖など特殊な環境の水辺を好むフラミンゴ。１本足で交互に立つ習性がよく知られ、１本足で立ちながら眠ることもできます。このようにフラミンゴがいつも1本足で立っている理由については、水の中では両足で立つよりも、片足で立つほうが体温を奪われにくいという説と交互に片足で立っているほうが、疲労が軽減されるといった説など諸説いわれてきましたが、いずれも仮説であり結論にはいたっていませんでした。

そこで、このフラミンゴの習性を解明するべく、ジョージア工科大学のヤン・ウェイ・チャン氏とエモリー大学のレナ・ティン氏の両名がフラミンゴのその習性について研究をおこないました。フラミンゴの死骸の骨格やその構造を調べたところ、フラミンゴは1本足で立つときは曲がった膝の位置が体の中心にくるような構造になっていて、１本足のほうがうまくバランスがとれるつくりになっていることを解明しました。

私たち人間の体では目をつぶりながら片方の足だけでバランスをとりつづけながら立つことはなかなか難しいものです。しかし、フラミンゴにとっては全くの逆で、２本の足で立つよりも１本の足で立つほうが自然にバランスがとれるような体の構造になっているのです。

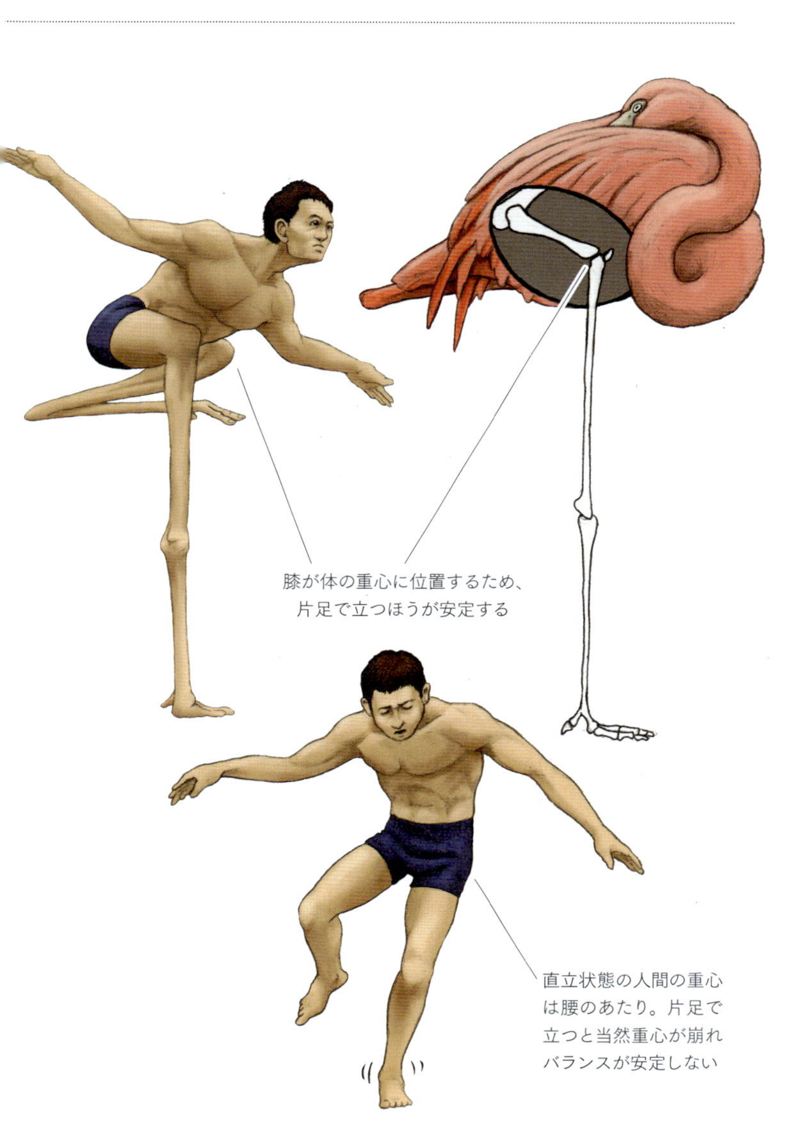
膝が体の重心に位置するため、
片足で立つほうが安定する
直立状態の人間の重心
は腰のあたり。片足で
立つと当然重心が崩れ
バランスが安定しない

新たにわかったフラミンゴの親戚

近年、分子系統学から鳥類の分類の大規模な見直しがされています。分子系統学とは生物の進化の過程でDNAは一定の速度で変化するという考えにもとづいて、遺伝情報の違いを見出し、生物のたどった系統や歴史をたどる学問で、遺伝情報の違いが少ないほど、近縁関係にあると考えられています。たとえば、ヒトとチンパンジーは遺伝情報の違いはきわめて少ないため、とても近い動物であるという具合です。

さて、これまでフラミンゴは体形が似ていることからコウノトリの近縁であると思われてきましたが、分子系統学の成果から、カイツブリという水鳥と近縁関係にあるとわかりました。カイツブリには

生活や体形は異なるが近縁。共通点は足指の間に皮膜があることくらいだが、カイツブリの皮膜は水かき、フラミンゴの皮膜は泥に落ちないためと用途は異なっている

フラミンゴのような長い首もすらっとした細長い足もありません。カモのような体形の典型的な水鳥で、ほとんど水上に浮かんで過ごし、潜水が得意な鳥です。足が体のかなり後方から生えているのが特徴的で、水を後ろに強く蹴ることができます。一方、水中では大きな推進力を得ることができますが、地上で立つにはバランスがとりづらく、めったに歩くことはありません。

その点においても地上で片足だけを立てて、眠ることすらできるフラミンゴとは大きな違いがあります。フラミンゴもカイツブリもそれぞれ独特で、姿形も生活様式も大きく異なりますが、それでも親戚関係なのです。鳥のたどった進化もかなり複雑なようです。

フクロウ

Owl

ヒトの頸椎（首の骨）の数は 7 つですが、フクロウはその倍の 14 個もあります。頸椎が多い分、関節も多いため、柔軟性が増し首の可動域はひろがります。人間の首は左に向いても 90 度、右に向いても 90 度しか回りませんが、フクロウは左右どちらにも 270 度まで首を回すことができます。

もしも人間が
その構造を
持っていたら

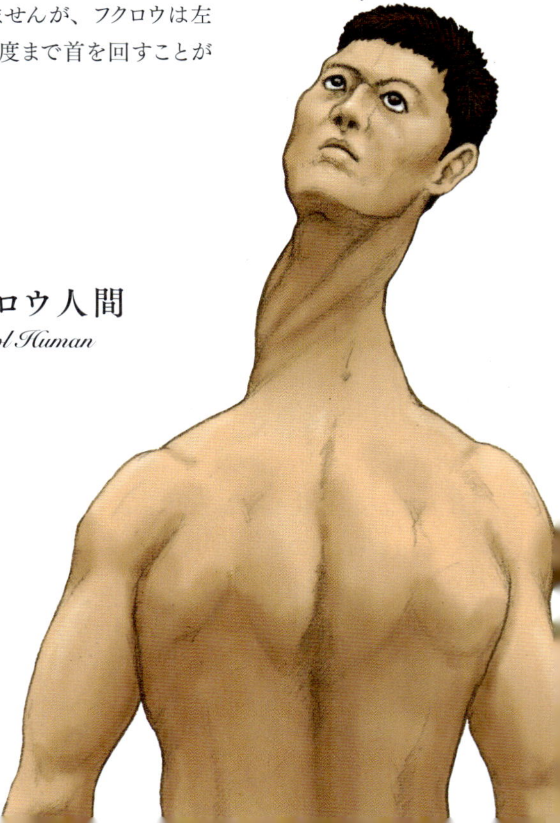

フクロウ人間
Owl Human

How to

フクロウ人間の作り方

フクロウ

フクロウの骨格

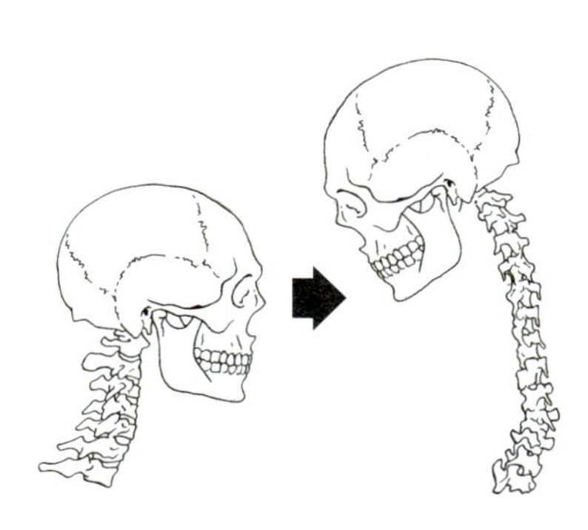

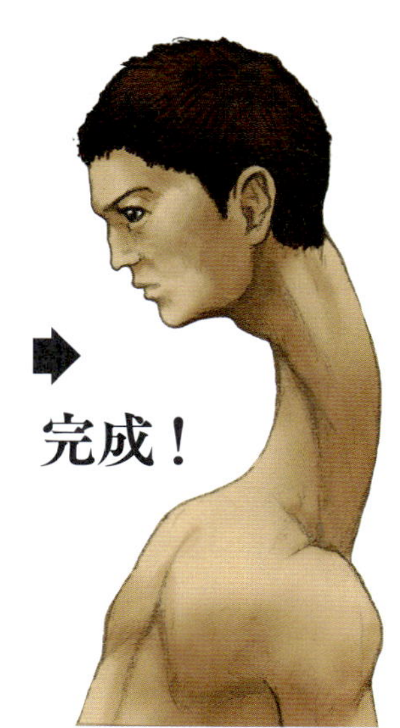

フクロウが首をよく動かす理由

顔を真後ろに向けることもできるほど柔軟な首を持つフクロウは、人間の倍の数の頸椎を持っています。図❶ その柔軟な首で、細かくかしげるしぐさをするなど、とにかくよく動かします。なぜ、首をよく動かすのかというと、目や耳で周囲の状況をくわしく知るためです。

他の鳥は頭部の側面に目がついていますが、フクロウは私たち人間やネコなどの肉食動物と同じように、両目とも前向きについています。両方の目でものを立体的に見ることも、片方の目で見ることもできるのですが、フクロウの眼球は筒状で、眼窩（がんか）に固定されており、眼球だけを動かすことはできません。そのため、柔軟に動かせる首を回して、こまめに周囲の様子を見渡せるようにしているのです。

しかし、夜行性のフクロウが狩りのときに使うのは目ではなく、耳です。フクロウの耳の構造は他の動物には見られない構造で、耳の穴の高さや向きが左右で違っています。図❷ そのため音が聞こえるまでの時間や強さなどが、左右の耳で異なり、それぞれの耳の聞こえ方も違っています。首をよくかしげるのは、左右の耳の位置をこまめにずらすことで、音の発する位置や、その場所までの距離を探っているのです。フクロウはこの変わった耳で、目が頼りにならない真っ暗な場所でも、音だけでネズミなどの獲物の位置を正確に知ることができるのです。

図❶

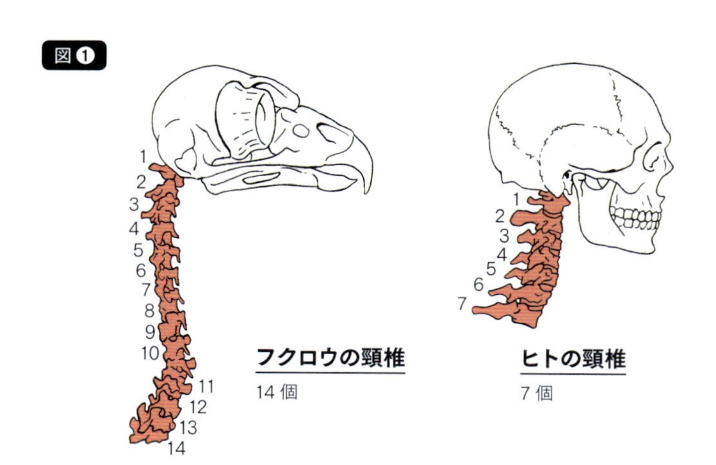
1
2
3
4
5
6
7
8
9
10
11
12
13
14
フクロウの頸椎
14 個
1
2
3
4
5
6
7
ヒトの頸椎
7 個

図❷

フクロウの頭骨（正面）
耳
耳
耳は左右でずれた位置についている

図❶

アナホリフクロウ
フクロウの仲間では珍しい昼行性。基本は走って移動するが、飛ぶこともできる

かつて存在した走る巨大フクロウ

夜行性のフクロウにも、昼間にも活動する珍しい種がいます。それがアナホリフクロウです。図❶ 北アメリカに広がる「プレーリー」とよばれる大草原に生息し、地上を長い足で駆け回り、地下の巣で生活するという他のフクロウとは生態がまるで違う、変わったフクロウです。アナホリフクロウという名前ではありますが、穴を掘ることは少なく、プレーリードックの掘った巣穴を広げるなど利用して生活しています。

こんな変わり者のアナホリフクロウに似たフクロウの仲間が大昔にもいました。それがオルニメガロニクスです。図❷ 生息していた場所はカリブ海に浮かぶ島国キューバで、日本の本州の半分くら

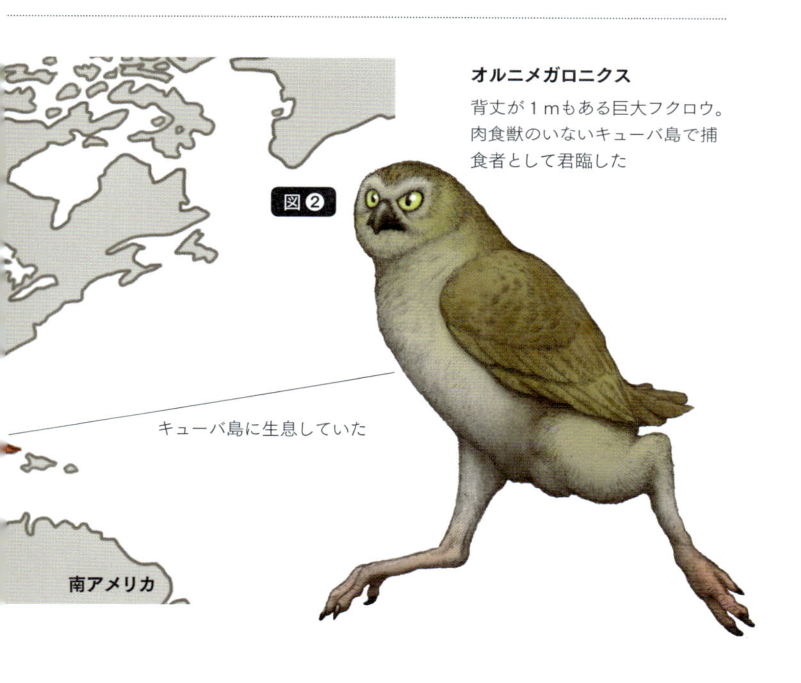

いの大きさの島です。海で隔てられた島であるため、哺乳類はネズミの仲間や小型の地上性ナマケモノなどに限られ、オオカミのような肉食動物はいませんでした。オルニメガロニクスはフクロウの仲間にしては体のサイズは大きく、アナホリフクロウのような長い足で立つと背丈は1mにもなりましたが、翼は小さく、鳥が飛行するための筋肉を支える胸骨の竜骨突起の発達が弱いため、空を飛ぶことはできなかったと考えられています。肉食動物のいないこの島でオオカミの代わりになるような肉食性の鳥として、地上を駆け回りネズミや地上性ナマケモノを捕食していたものとみられています。

鳥類

ペンギン

Penguin

ペンギンは他の鳥とくらべて、特異な姿勢をしていて、ぎこちない歩き方でも人間と同じ直立2足歩行しているように見えます。しかし、それは見かけ上のもの。ペンギンの羽毛でほとんどが隠れてしまっている足はつねに膝を曲げた状態で太ももの部分だけ直立していません。

ペンギン人間
Penguin Human

How to

ペンギン人間の作り方

ペンギン

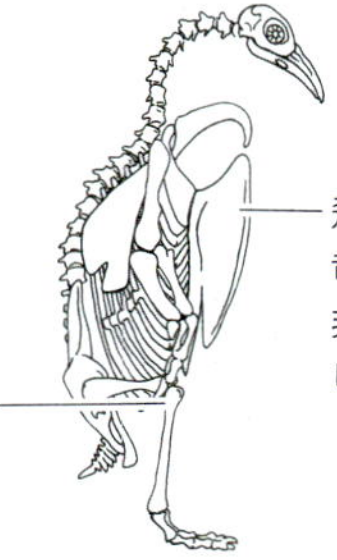

ペンギンの骨格

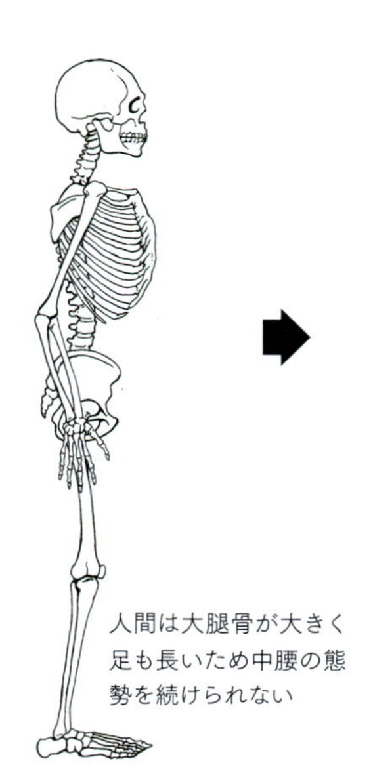

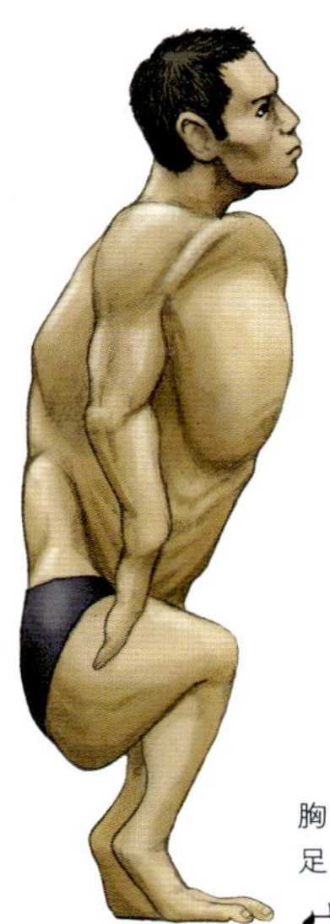

水中生活に適応した骨

鳥は空を飛ぶために体を軽量化する必要があります。アゴは、重たい歯を捨てて、軽いクチバシになっています。また食べたものはすぐに排泄できるようになっていて、オシッコを溜める膀胱(ぼうこう)もありません。鳥は体の軽量化のために、さまざまな工夫がされていますが、もっとも軽量化に寄与したのは骨の中身がスカスカになったことです。体を支える骨の中がスカスカになっているということは、その強度が心配にもなってしまいますが、骨の空洞のところどころに突っ張り棒のように支えの柱があり強度を保っています。

しかし、ペンギンは空を飛ばず、おもに水中を潜って活動する鳥です。骨を軽くする必要もありませんし、骨の中がスカスカだとかえって水中では浮力によって浮き上がってしまい、潜水するのが難しくなってしまいます。そのためペンギンの骨は、他の鳥のようにスカスカではなく、中身がしっかり詰まった重たい骨になっています。これが水中で重りとなって、潜水しやすいようになっています。

さらに、手にも特徴があります。ペンギンの手はクジラやアシカなどのようにフリッパー（ヒレ状）になっています。羽の部分は一枚の板状になり、骨の関節部分も固定され可動性をなくしています。このフリッパーを羽ばたかせて水を掻き、水中を時速 30 km のスピードで泳ぐことができます。

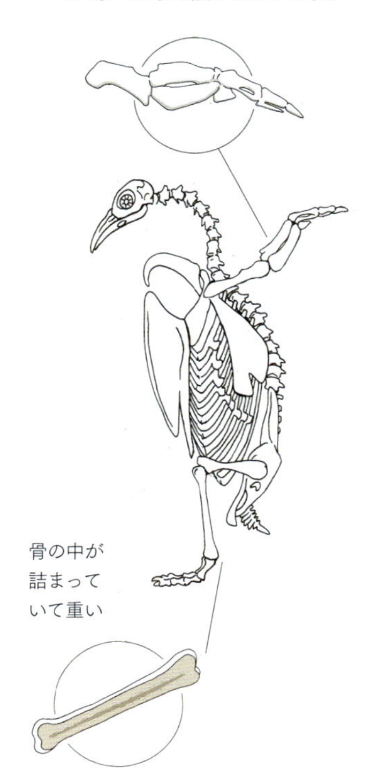

ペンギン

潜水するため骨の中が詰まっている。翼は１枚の板状になっており、水のなかを進むのに役立つ

他の鳥

空を飛ぶために、骨の中が空洞。翼も複雑な形状を持つ。

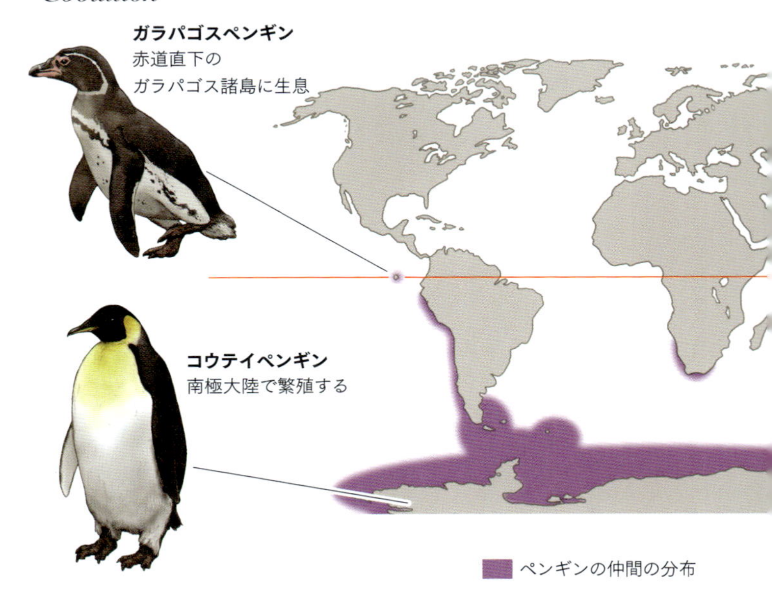

北半球のペンギンもどき

現在、ペンギンの仲間はコウテイペンギンをはじめ、19 種類が知られ、生息範囲は南極周辺などほとんど南半球に限られています。寒い場所にいるイメージが強いペンギンですが、なかには赤道直下のガラパゴス諸島に生息するガラパゴスペンギンもいます。とはいっても南極海から南アメリカの西岸沿いにはペルー海流という冷たい海流が流れているため、この海流の流れる先のガラパゴス諸島は赤道直下といえども比較的寒冷な気候です。やはりペンギンの仲間は暑さに弱く、赤道直下を越えて北半球に分布を広げることはできないようです。

しかし、大昔には北半球にペンギンの仲間が生息していた可

能性があります。3500 万年ほど前から 1700 万年前まで北太平洋沿岸部で生息していたプロトプテルム科という飛べない海鳥がいました。姿や生態がペンギンに似ていましたが、骨格の形態などからペリカンの仲間と考えられたため「ペンギンもどき」とよばれていました。

しかし、最近の研究では頭部化石から脳の形態をよみとったところ、その脳の形はペリカンよりもペンギンに近いことがわかりました。動物は近縁であればあるほど、脳の形も似たようなものになるとされており、プロトプテルムの仲間はペンギンの仲間である可能性が示唆されています。

Column.4 翼

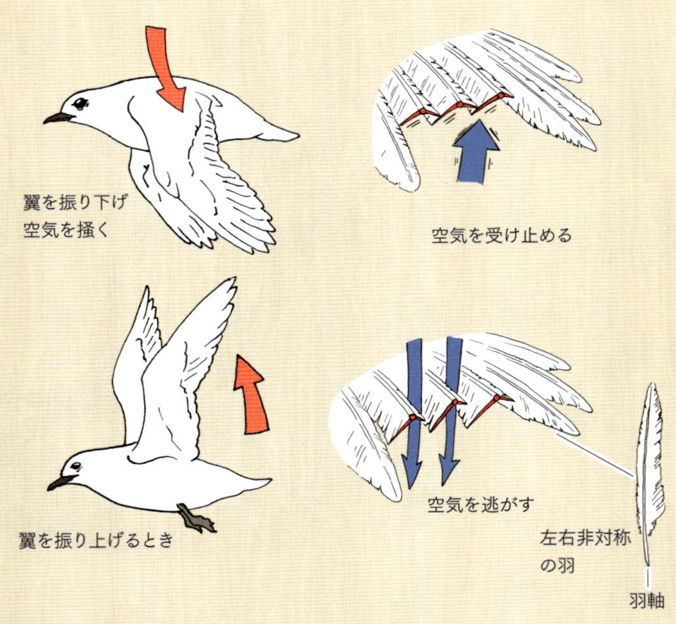

鳥の羽ばたくしくみ

鳥の翼の後方に生えている羽を風切羽といいますが、この羽は羽軸に対して左右非対称になっています。この形が、羽ばたく時に重要な働きをしてくれます。鳥は大きな翼を振り下げて、空気をいっぱいに受け止めて掻き、推進力を得ます。一方、振り上げるときは、振り下げるときと同じように空気の抵抗を受けとめてしまいそうに思えますが、羽が左右非対称であるため、面積の広いほうが下がり、そこから空気を逃がすことができるのです。要は、鳥の翼は閉じたり開いたりするブラインドのようなものなのです。これで鳥は一方向へ空気を掻くことができるのです。

Extra Chapter
部位別比較
Comparison by
Body Parts

手・前足の比較

動物の体は、その動物の暮らす環境に合わせて進化しています。手・前足もおのおのの環境で生き残りやすい機能に特化した形になっています。

つかむ

ヒトの手はものをつかめるように親指と他の指が向かい合わせになっている

水を掻く

前足がヒレとなった海生の哺乳類は、体を支える必要がないため腕よりも手指が大きくなっている

掘る

モグラの手は狭いトンネルを移動するため、腕は太く短くなっている

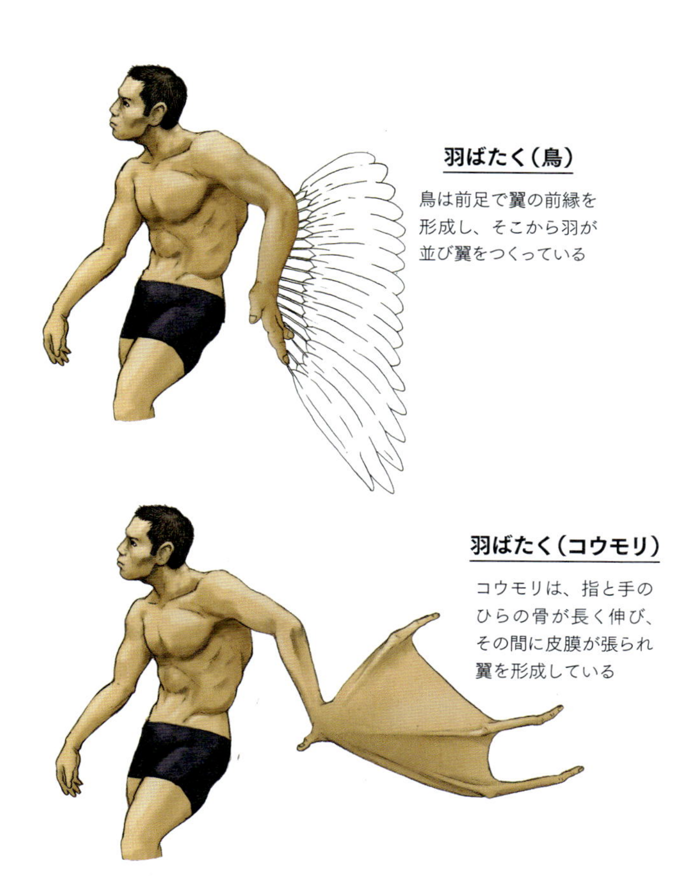

羽ばたく（鳥）

鳥は前足で翼の前縁を
形成し、そこから羽が
並び翼をつくっている

羽ばたく（コウモリ）

コウモリは、指と手の
ひらの骨が長く伸び、
その間に皮膜が張られ
翼を形成している

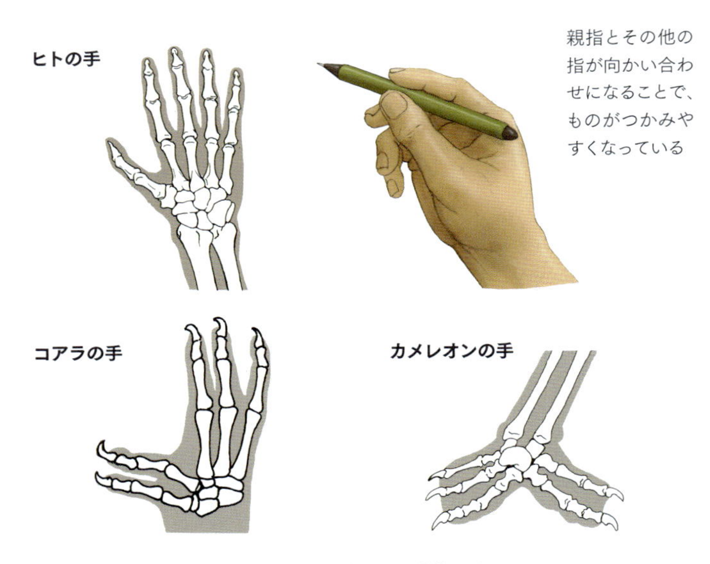

ヒト以外にも樹上で生活する動物の手は、
指の配置が向かい合わせの形になっている

ものをつかむ手

私たちヒトの手の指は親指が他の指と離れて、向かい合わせになっています。このおかげで、ペンや箸などが持ちやすくなっています。親指を使わなくてもペンや箸を他の指で巻きつけて握れますが、ペンで字を書くときも、箸で食べ物をつまむときも、親指を使わなければ、動きの精度はずいぶん落ちることは感覚的にわかるでしょう。指の配置が向かい合わせになってものをつかめる手は、コアラやカメレオンなどの動物も持っており、これらの動物は樹上性で木の枝をつかみやすくするためにこのような形になったと考えられています。

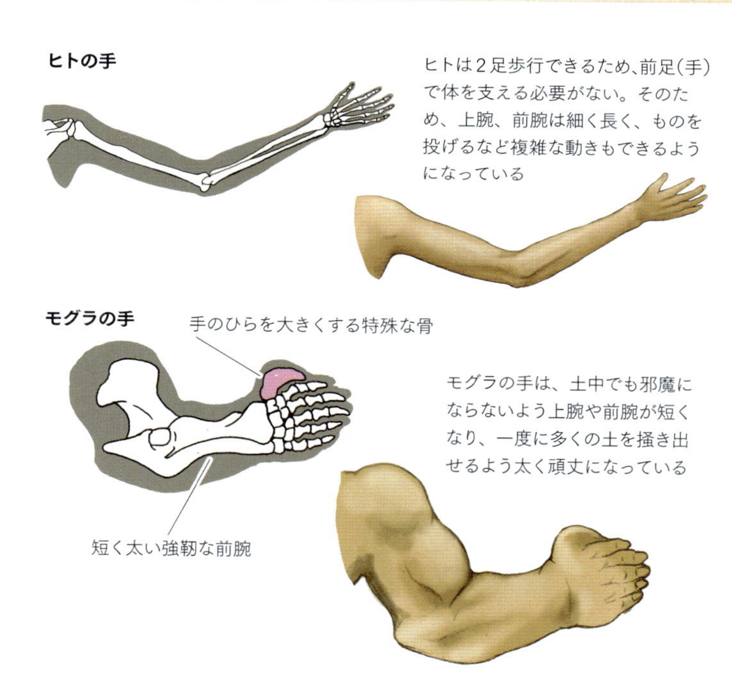

土を掘る手

穴を掘って地中で過ごす動物にはモグラやアルマジロなどがいます。いずれも硬い土を掘るため、大きく発達した爪と、短く太い頑強な腕を持っています。生活のほとんどを地中で過ごすモグラは、地中での生活にもっとも適応した手の形をしており、手のひらを拡張する特殊な骨があります。爪で掘った土をその大きくなった手のひらで後ろのほうへ効率よく掻き出します。また土を掘り、掻き出す手は大きくても腕の部分は体に埋まってしまうほど短いため、狭いトンネルを邪魔にならずに移動することができるようになっています。

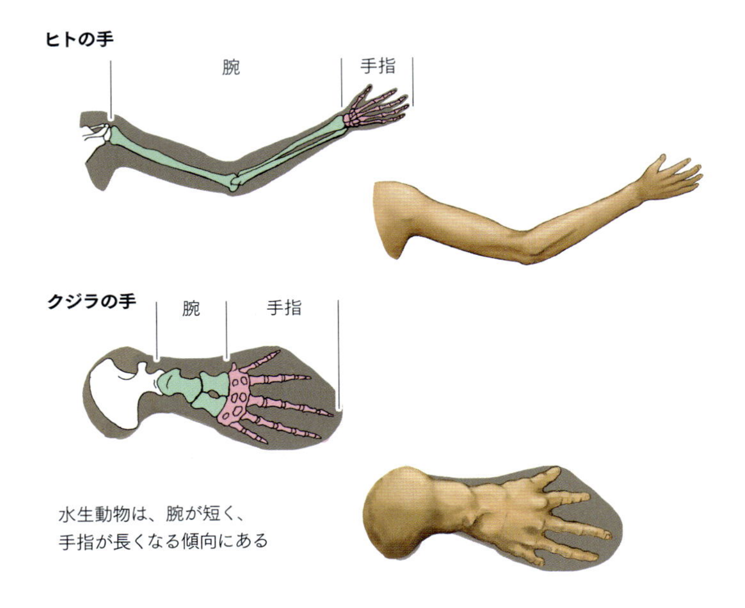

水生動物は、腕が短く、
手指が長くなる傾向にある

水を搔く手

クジラやアシカ、ウミガメなど水生動物のヒレとなった腕（前足）は骨格構造をみると、肩から手首にかけての腕の骨が短く、指の骨が長くなっており、陸上の動物とは長さの比率が逆になっています。アシカやウミガメは水を搔いて泳ぐため、指の骨を長くすることでヒレの面積を広くしているのです。一方、クジラは少し異なります。クジラの泳ぐときの動力源は脊椎の動きで、尾ビレを上下に振って泳ぎ進むため、前足にあたるヒレは舵取りなどに使われます。安定性を高めるために腕の骨の関節は融合していることが多く、可動性は低いようです。

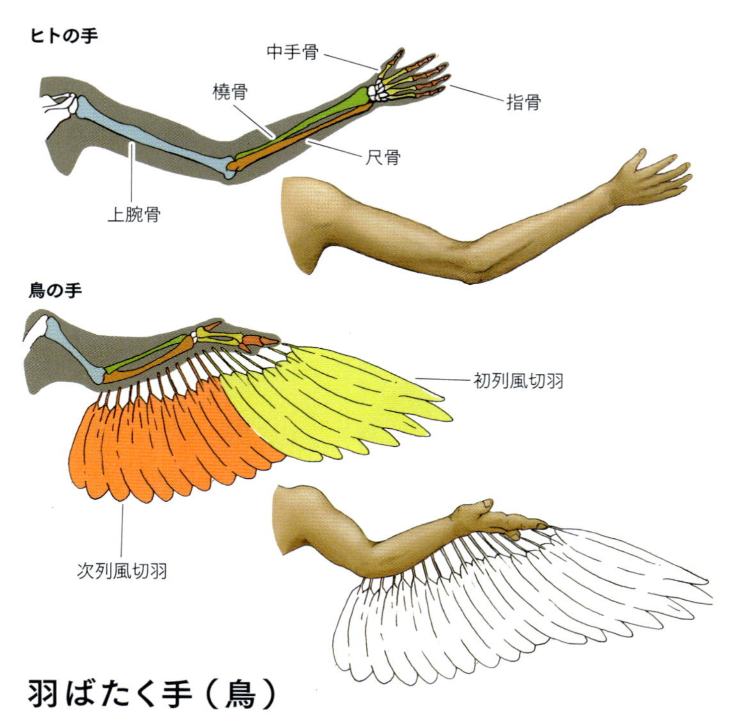

羽ばたく手（鳥）

　鳥類の翼を支える前足の骨は他の動物と構造は同じですが、骨の数は少ないです。飛行するためには体を軽量化する必要があったからです。ヒトと鳥の腕をくらべると上腕骨（二の腕の骨）、橈骨と尺骨（肘から手首までの2本の骨）は同じ数ですが、中手骨（手のひらにある骨）を構成する骨はヒトの 5 つに対し鳥は 1 つです。指も3本とヒトよりも少なく、それぞれの指の骨もヒトよりずっと少なくなっています。その腕に対し無数の羽がついており、手首から指先までが初列風切羽、肘から手首までが次列風切羽とよばれ、折りたたむことができます。

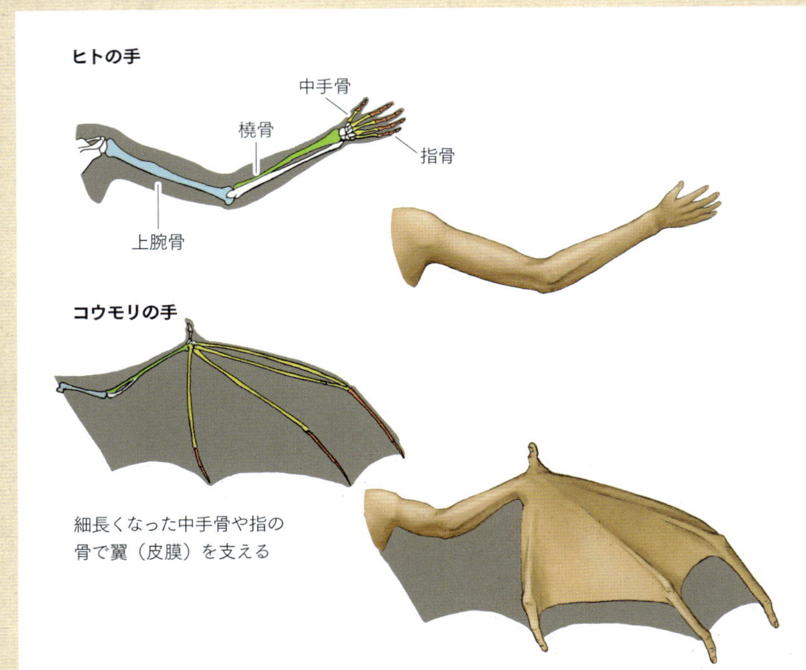

細長くなった中手骨や指の
骨で翼（皮膜）を支える

羽ばたく手（コウモリ）

コウモリは鳥類と同じく、羽ばたいて飛べる動物ですが、翼の構造は大きく異なります。鳥類の翼は羽毛ですが、コウモリの翼は皮膜です。この皮膜を支えているのが、親指を除く４本の中手骨（手のひらの骨）とその先に伸びる指の骨です。それらの指の骨は傘の骨のように細長く伸びています。また上腕骨（二の腕の骨）と橈骨（肘から手首までの骨）の間の筋肉を1回動かす、つまり腕を伸ばせば翼は広がり、腕を曲げれば翼をたためる動かしやすいしくみになっています。翼の支えになっていない短い親指には鋭い爪があり、洞窟の壁面などを登るときに役立ちます。

手・前足の比較まとめ

ほとんどの陸上動物は手・前足を、体を支えるのに使い、歩く、走るなどの運動で主に使っているのは後足です。4足歩行の動物は、歩行運動に前足も使いますが、たいていの、前足はそれ以外の目的にも使える便利な形をしています。ライオンやクマなどの肉食動物は狩りをするときに前足を使って、獲物を押さえつけます。鳥やコウモリは前足を大きく変化させて翼とし、それを羽ばたかせて空を飛びます。アシカやウミガメはヒレとなった前足で水を掻いて泳ぎます。

このように動物の前足は後足よりも森や海など、自らが生きるさまざまな環境に合わせた機能を獲得しています。進化の過程においては、前足がもっとも変化に富んだ体の部位といえるでしょう。

足の比較

足も、手・前足同様、動物の暮らす環境により最適化された形状になっています。

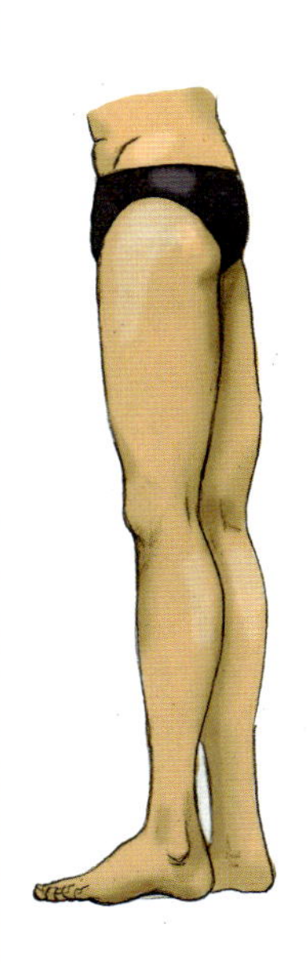

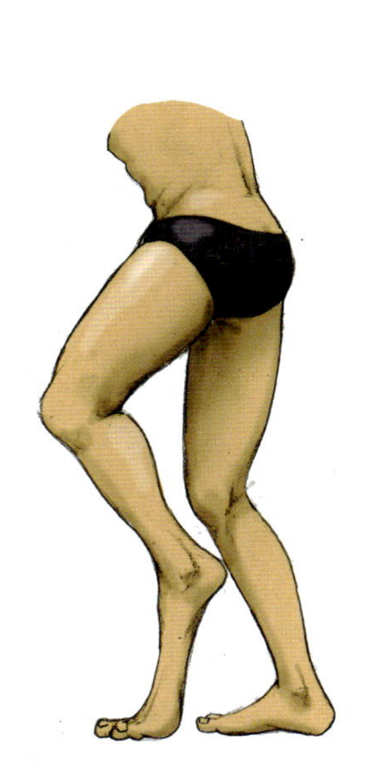

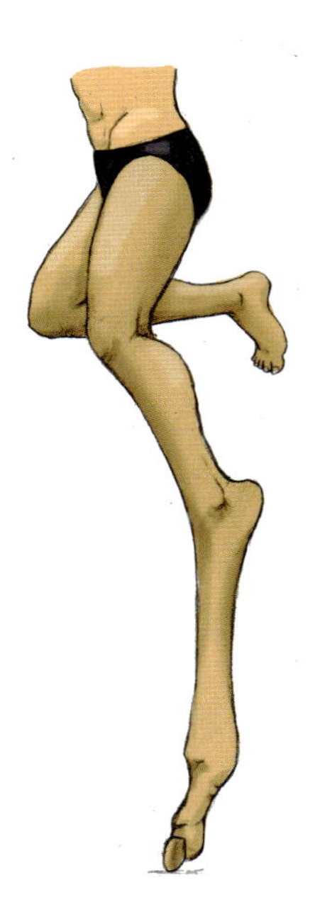

歩く・走る（蹠行）

後足の指からカカトまで足の裏全面を地面につけた形状。接地面積が大きいため安定性が高い

歩く・走る（趾行）

後足のカカトを上げて、指だけを地面につけた形状。蹠行より安定性は劣るが、スピードが増し、忍び寄る動作にも向いている

歩く・走る（蹄行）

指の先端についた蹄だけを接地させた形状。趾行よりも安定性が悪いが、もっともスピードが出る

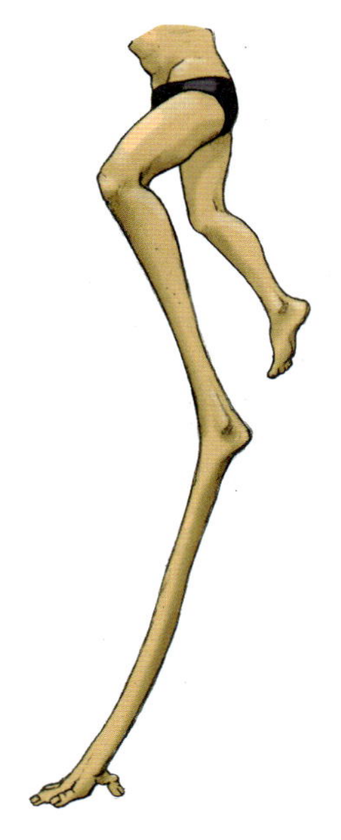

跳ぶ

ジャンプして移動することに最適化された足。一瞬で長い距離を稼ぐため、長い足首を折りたためる構造になっている

歩く・木に止まる

多くの鳥は指が４本で、そのうち３本が前向き、１本が後ろ向きについている。歩くだけでなく、木に止まりやすい形になっている

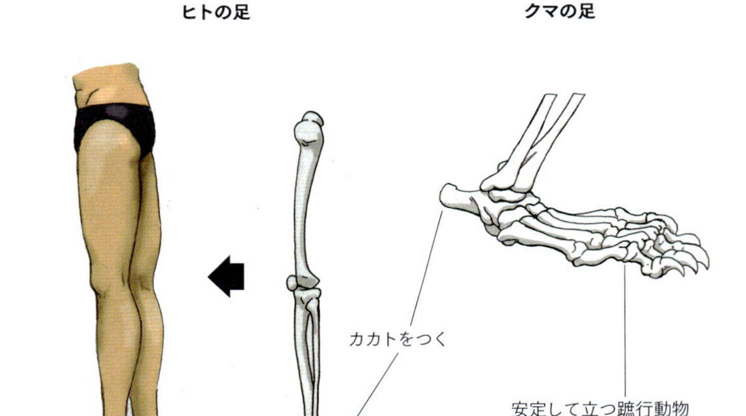

歩く・走る（蹠行）

「蹠」とは足の裏のことです。後足の指からカカトまで足の裏全面を地面につけて立ち、歩く動物のことを蹠行動物といいます。私たちヒト以外の動物ではサルやクマ、パンダなどがこれにあたります。私たちヒトだけが哺乳類のなかで例外的に、完全な2足歩行ができますが、クマなどの仲間のなかには後足2本で立ち上がることができるものもいます。足の裏全面をつけるため、安定感がありますが、接地面が大きいため、骨や関節も多くなり、足自体の重量も増えます。その代償として、移動のスピードは遅くなります。

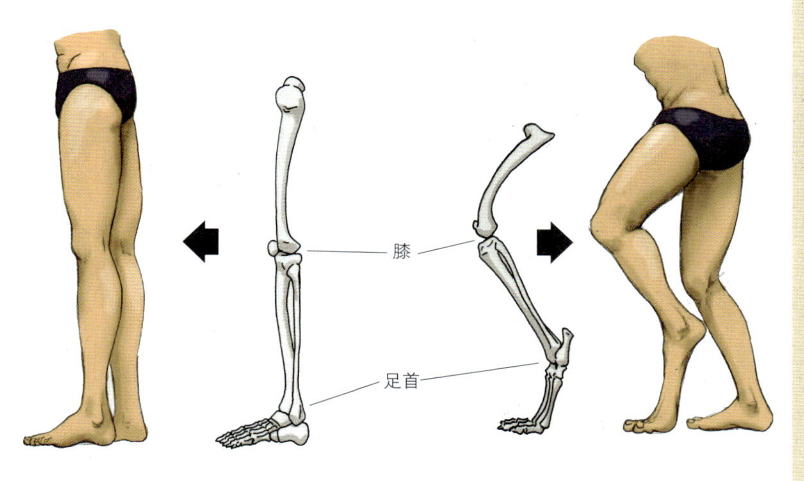

歩く・走る（趾行）

「趾」とは足の指のことです。後足のカカトをあげて、指だけ地面につけて立ち、歩く、いわゆるつま先立ちをする動物を趾行動物といいます。趾行動物にはライオンやオオカミなど肉食の哺乳類の多くが該当します。足の裏を地面につけて歩く蹠行動物よりも、安定性は劣りますが、より速く走ることができ、そして足音を立てない静かな移動も可能にします。私たちも足音を消して歩くときはつま先立ちになることを考えればわかるでしょう。そのため、趾行は獲物に気付かれずに近づく肉食動物にとって、最適の歩行スタイルといえるでしょう。

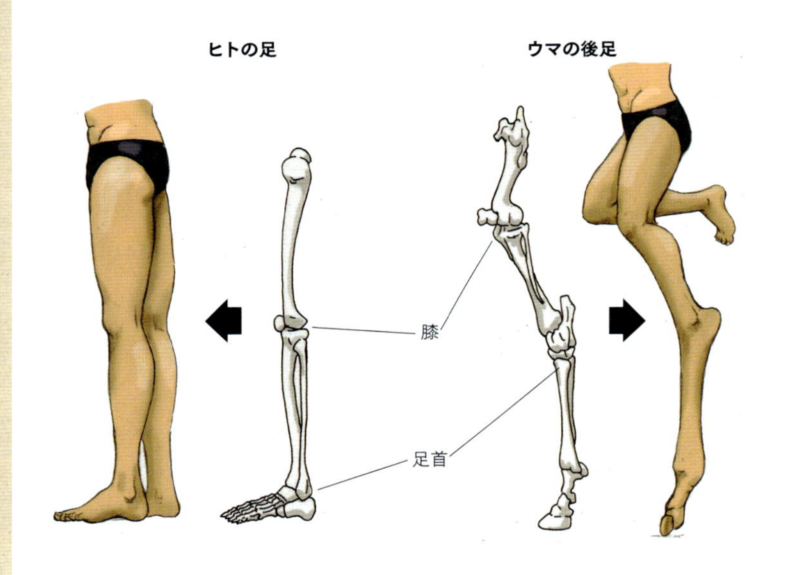

歩く・走る（蹄行）

ウマやシカなどの指の先端には「蹄（ひづめ）」があり、その蹄を地面につけて、立ち、歩く動物です。蹄は人でいう指の爪にあたり、指の先端だけを地面につけて、立っているということになります。おもにスピード重視のつくりになっており、後足ではカカトより先に伸びている足の甲や指の骨が非常に長くなっています。これで、足全体が長くなり、歩幅を大きくできるようになっています。足の指の本数は蹠行動物や趾行動物よりも少なく、足指の骨の数も少ないため、関節は少なく、柔軟性は欠けるものの、丈夫で軽いつくりになっています。

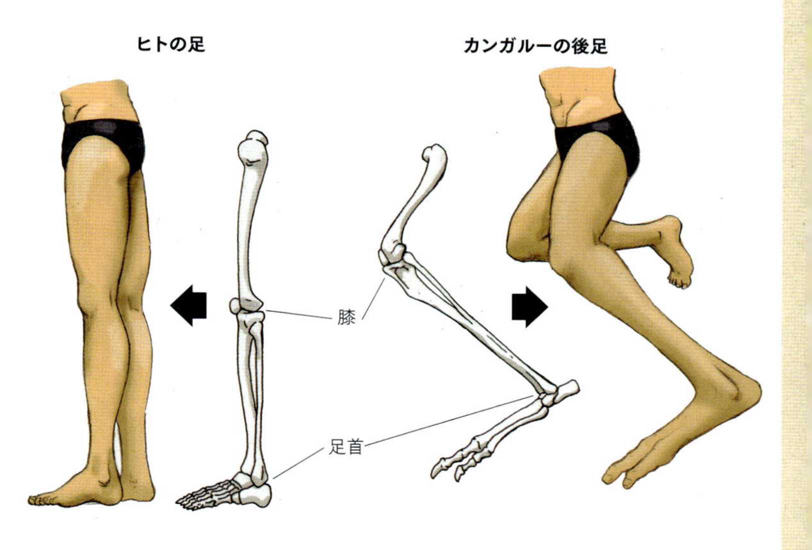

跳ぶ

走る代わりにジャンプして移動することが多い哺乳類にはカンガルーやトビウサギなどがいます。これらの動物にみられる特徴は前足とくらべて、後足が長いことです。これらの動物がジャンプするときには、足を折り曲げますが、足が長ければ長いほど、より多くの力を溜めることができ、大きなジャンプを可能にします。また、カンガルーは足首より先の足指の部分も長くなっていますが、この足指で地面を強く蹴ることができます。その反面、安定性を欠くため、長く太い尾で体のバランスをとって動きを安定させているのです。

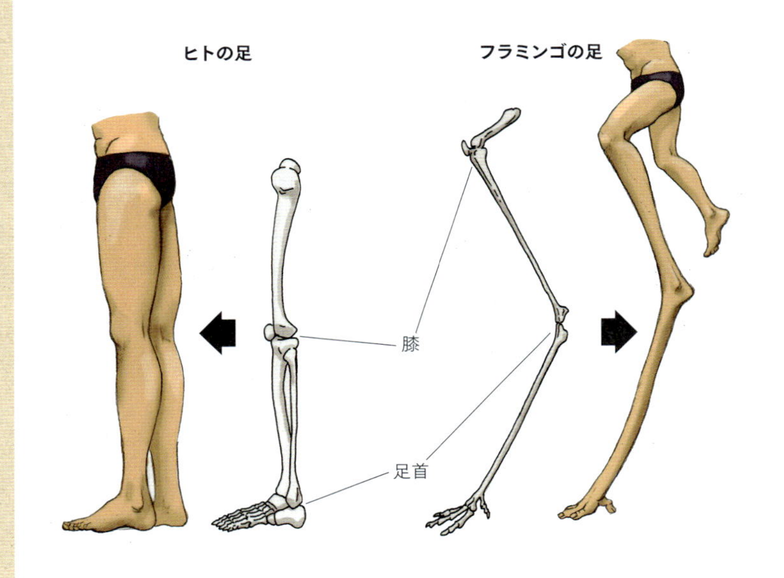

歩く・木に止まる

ほとんどの鳥類は足の指の配置が、3本の指が前向きで、1本の指が後ろ向きになっています。これを「三前趾足（さんぜんしそく）」といいます。またキツツキやカッコウなどの樹上性の鳥類は2本の指が前向き、残りの2本は後ろ向きになっています。これは「対趾足（たいしそく）」という形で、木の枝や幹をつかむのに適しています。空を飛ぶ鳥類は体の軽量化が必要不可欠なため、足の骨にも軽量化の構造が見られます。脛骨と腓骨は融合し、足首の骨も脛骨と融合するなど、骨の融合によって骨の本数を減らし、強度を保ちつつ、軽い構造にしています。

足の比較まとめ

地上に生息する動物の移動のメインになっているのは、後足です。完全な２足歩行である私たち人間や鳥類は後足で立って歩いています。ウマやイヌなどの４足歩行の動物は前足も立って歩く運動を担っていますが、前足よりも後足のほうが、その要となっています。一口に移動といっても、動物たちは住む環境がさまざまで、肉食動物と草食動物では、置かれている状況も異なります。草食動物をエサとする肉食動物は、気づかれずに忍び寄る足に進化し、草食動物は肉食動物から逃げるため、スピード重視の方向に進化しました。

また、哺乳類でも水中に完全適応したクジラの仲間は、後足が退化しています。クジラの仲間の祖先は４足歩行の動物でしたが、自分の体が浮いた状態の水中では走ることも歩くことも、体を支える必要もないため、後足が必要なくなったのです。

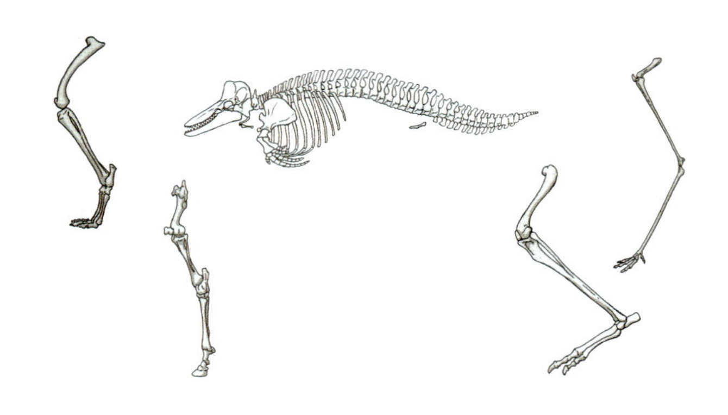

アゴの比較

動物はそれぞれ食べるものが違いますが、食べるものによってアゴや歯の形も異なっています。

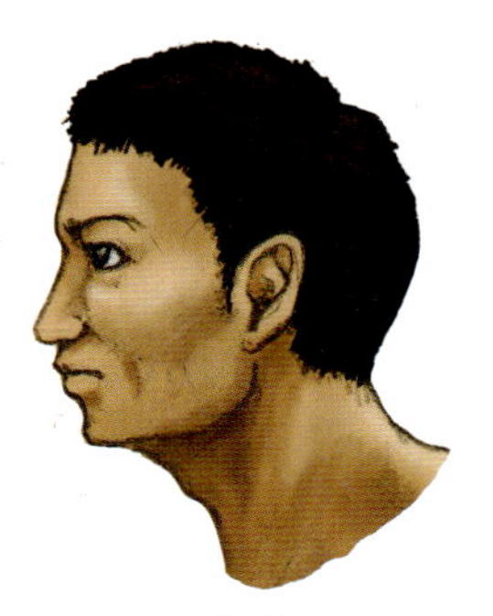

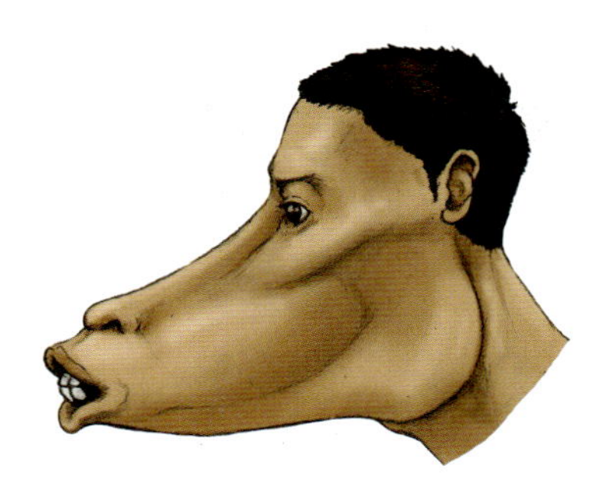

雑食

食べ物を限定しないアゴ。ある程度動く下アゴと種類の多い歯が特徴

草食

上下左右によく動く下アゴと平らな臼歯で、植物をすりつぶすのに特化している

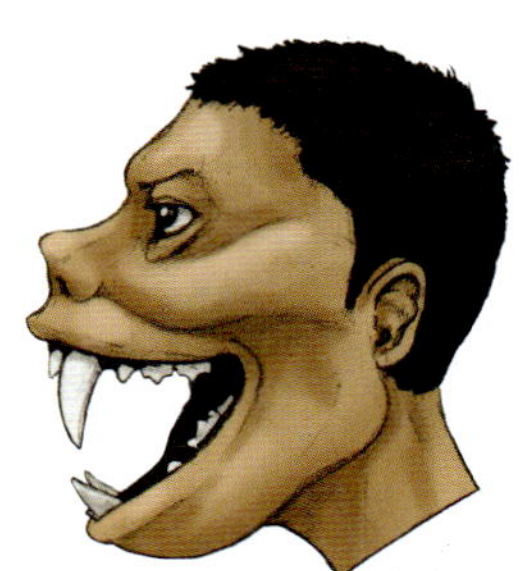

肉食

下アゴは上下にしか動かない。犬歯が発達し、奥歯も鋭利になっている

軽量化

重たい歯を捨て、軽さに特化した形状。歯がなく咀嚼もできないため、こちらも食べ物は丸呑みにする

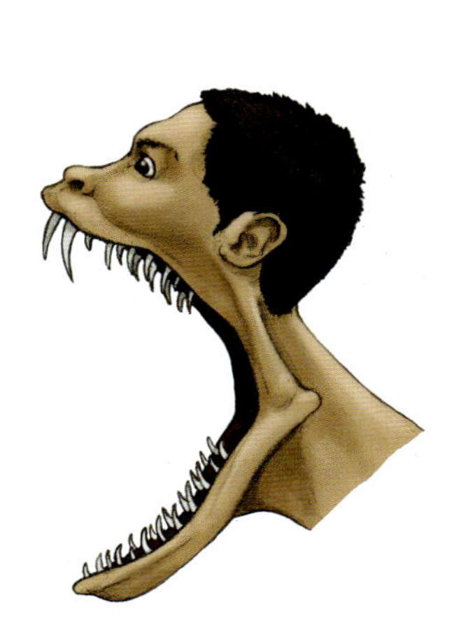

丸呑み

歯の形は単調で、咀嚼できない。食べ物を丸呑みするため、アゴの可動域が非常に大きい

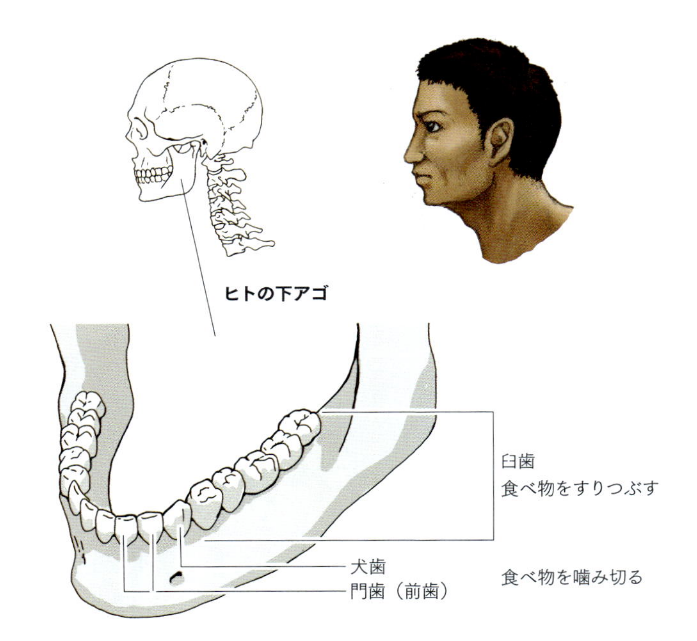

雑食

ヒトの歯には食べ物を噛み切ったり、引き裂いたりする門歯（前歯）と犬歯、そして食べ物をすりつぶすための奥歯である臼歯があります。下アゴは上下に動かせますが、前後左右にもある程度は動かすことができます。噛みちぎる、すりつぶすなどの用途に合わせた複雑な歯と下アゴの可動範囲の広さにより、肉でも植物でも、何でも食べられるようになりました。また、雑食の動物に限らず哺乳類は基本的に食べ物を口の中で咀嚼するため、咀嚼している食べ物を外にこぼさないための頬があるという特徴があります。

ライオンの頭骨

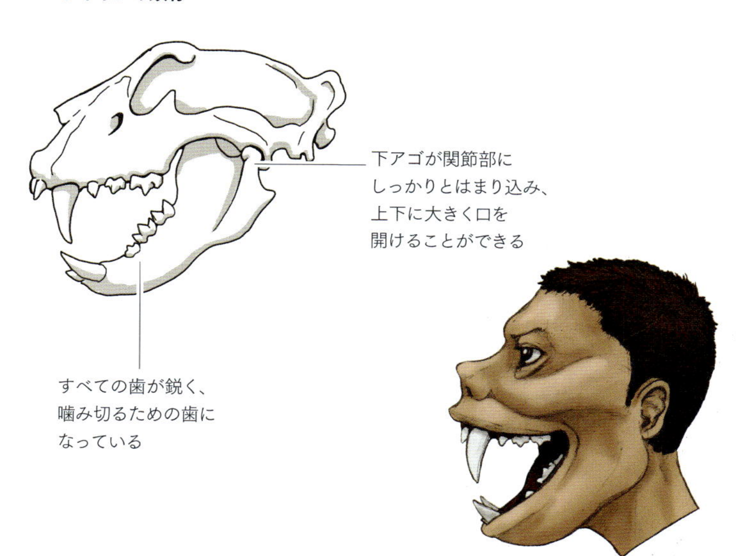

肉食

頑丈な頭蓋骨はアゴの筋肉のしっかりとした土台となり、噛みつく力が強い構造になっています。下アゴは顎関節にしっかりはまり込んでいるため、下アゴの動きは限定されますが、上下に大きく口を開いても、アゴがはずれにくいようになっています。下アゴの動きは上下のみで、食べ物をすりつぶしたりする咀嚼はできませんが、肉は植物よりも消化しやすく、あまり咀嚼する必要もありません。そのため、肉食動物の歯は臼歯のような平らな歯ではなく、すべての歯が噛み切るための鋭い歯になっています。また口を大きく開き、咀嚼をあまりしないことから頬が小さく口が裂けている傾向にあるようです。

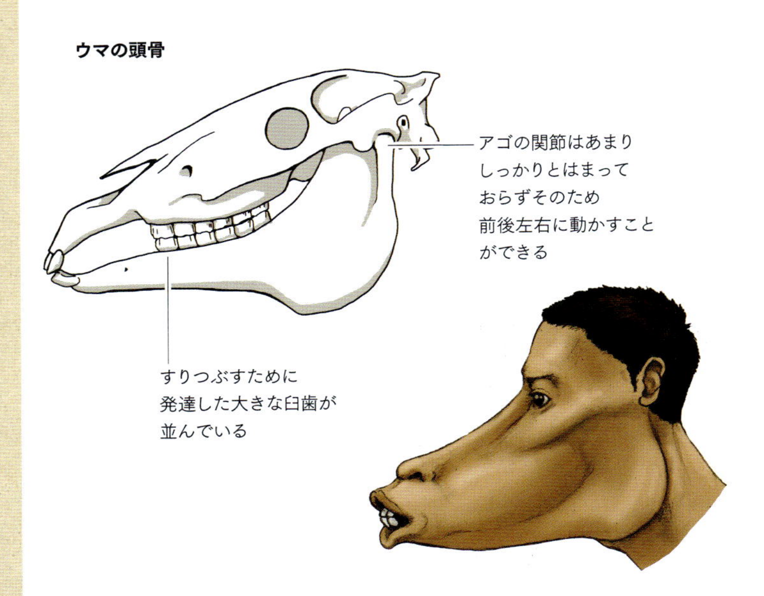

草食

肉食動物とは逆に、下アゴは顎関節とのはまり込みが浅く、とてもルーズなつくりになっています。その分、下アゴは前後左右と自由に動かすことができます。植物は肉よりも消化が悪いため、飲み込む前に十分に咀嚼する必要があります。そのため、食べ物をすりつぶすのに適した臼歯が発達しています。発達した臼歯がたくさん並んでいるため、草食動物の頭部は前後に長くなる傾向にあります。このたくさんの臼歯と、自由にスライドさせて動かせる下アゴで、植物を細かくすりつぶし、飲み込む前に十分に消化しやすい状態にできるのです。

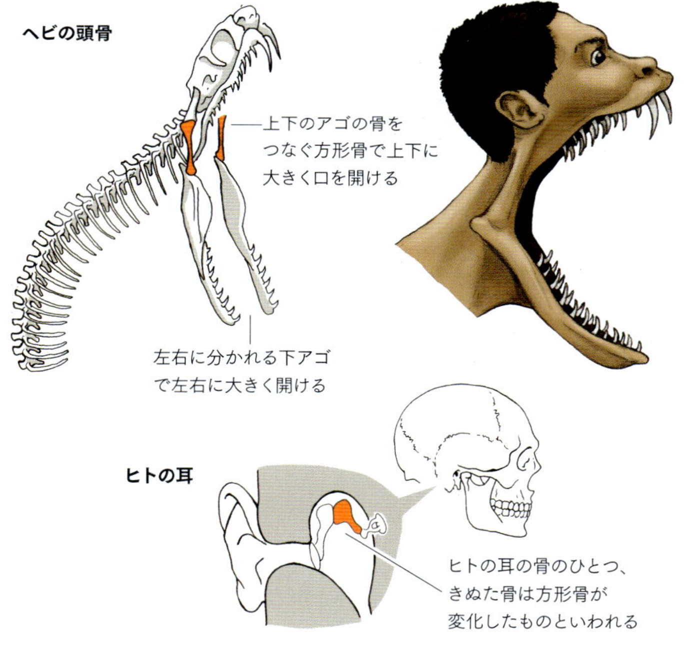

丸呑み

哺乳類の歯は前歯、犬歯、臼歯とさまざまな形の歯が並びますが、爬虫類は同じ形の歯が一様に並ぶといった違いがあります。そのため、爬虫類は食べ物を咀嚼することなく、そのまま呑みこみます。その最たる爬虫類がヘビで、自分の頭より大きなものを呑みこむこともでき、それを可能にするのは左右にパックリと分かれる下アゴです。また、アゴの関節が2か所あり、これで口を上下にも大きく開けることができます。顎関節の2か所の関節をつなぐ長い骨は「方形骨（ほうけいこつ）」とよばれるもので、哺乳類にはありません。哺乳類ではこの方形骨が耳の奥にある耳小骨のひとつ「きぬた骨（こつ）」に変化したといわれています。

タカの頭骨

肉食の鳥類のクチバシは肉を引き裂けるよう尖っている

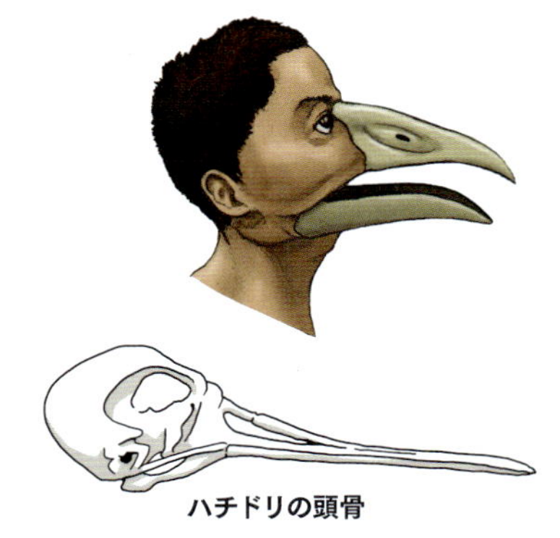

ハチドリの頭骨

花の蜜を吸うため、クチバシが細長くなっている

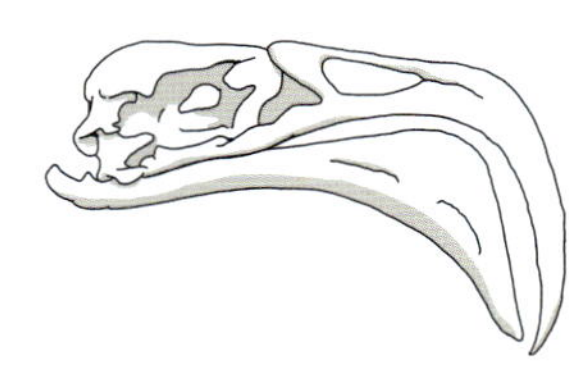

フラミンゴの頭骨

頭を逆さにして泥や水をすくいあげる。そのため、エサをこしとりやすい形になっている

軽量化

1億5000万年前、最初に登場した鳥類とされる始祖鳥にはアゴに歯が並んでいましたが、空を飛ぶための体の軽量化のひとつに、重い歯を捨てて、代わりに歯よりもずっと軽いクチバシで上アゴと下アゴを覆うようになりました。鳥類も肉食、草食と食性はさまざまで、各々が食べ物を食べやすいように、クチバシの形状や大きさも種によってさまざまです。爬虫類と同じく鳥類も咀嚼ができません。そのため、飲み込んだ食べ物は体内の「砂嚢(さのう)」とよばれる袋状の消化器官に運ばれます。ここであらかじめ飲みこんでおいた小石や砂を使って食べたものをすりつぶして、消化を助けます。

アゴの比較まとめ

生き物にとって「食べる」ということは、生きていくうえで、もっとも基本的なことであり重要なことです。そして、ものを食べるときにアゴが重要な働きをするのはいうまでもありません。哺乳類や爬虫類、鳥類もその祖先をたどっていくと魚類のほんの一部のグループでしたが､原始的な魚にはアゴはありませんでした。その後、アゴを持つ魚類が現れ、食べる能力が上がると、魚類の時代ともいわれるほど、大繁栄を遂げました。この繁栄から脊椎動物は海から陸へと生息範囲を広げて多種多様になり、食べるものもそれぞれ異なってきました。

それに合わせて、アゴの形も変化していきます。アゴの形やそこから生える歯の並びやその形だけをみれば、この動物がなにを食べていたのかは容易に想像がつくくらいです。特に咀嚼をおこなう哺乳類は歯の形がバリエーションに富んでいます。また、歯の代わりにクチバシを持つようになった鳥類も、食べるものによって、その形状はさまざまなのです。

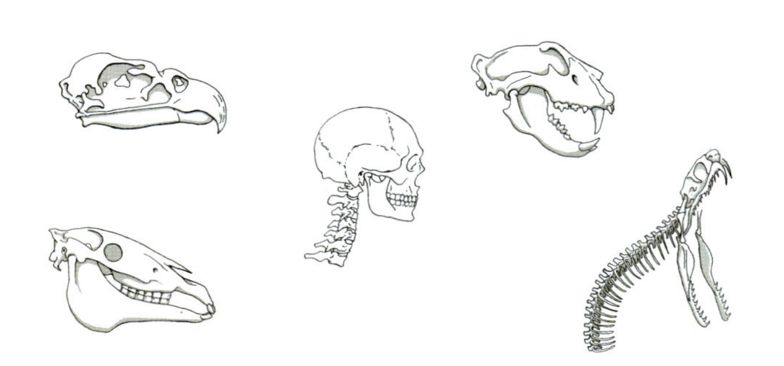

胸部の比較

動物の胸の骨は、臓器を守り、呼吸するための筋肉を支えますが、その形も環境に応じてさまざまな方向に進化しています。

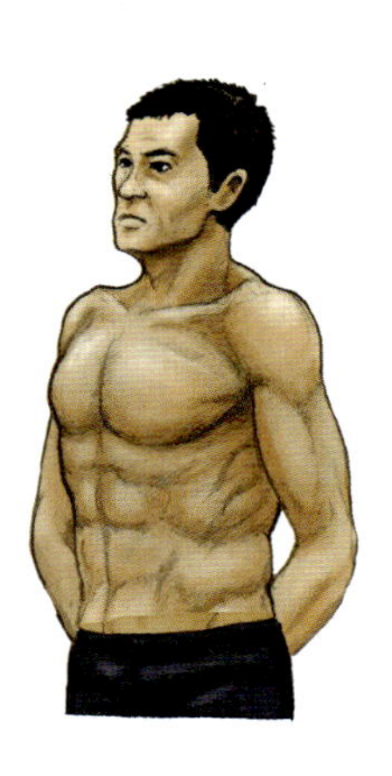

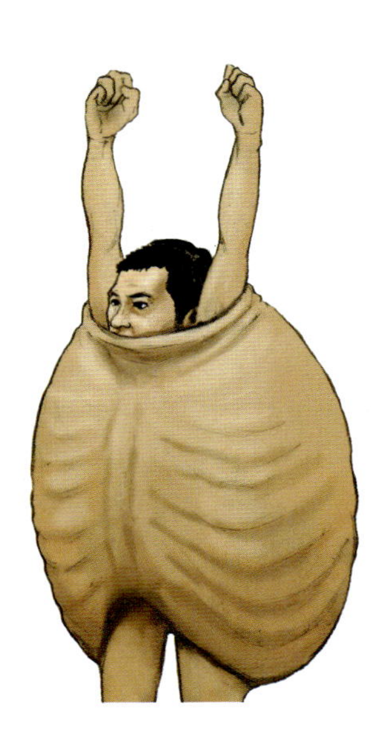

臓器を守る

胸椎・肋骨・胸骨が連結してカゴのようになり、心臓などの重要な臓器を守る

全身を守る

肋骨が大きく広がり、全身をすっぽりと包めるほどの装甲になっている

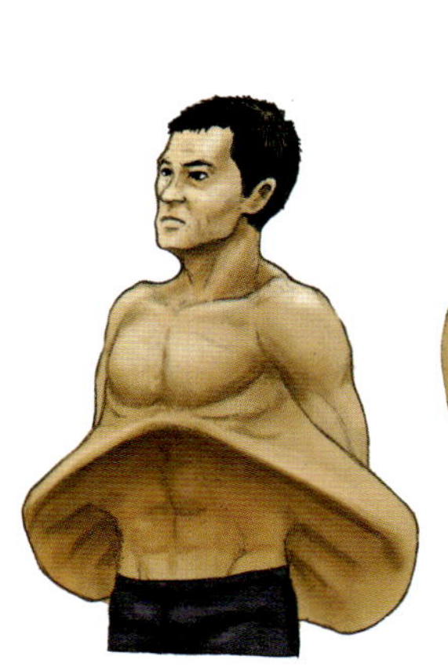

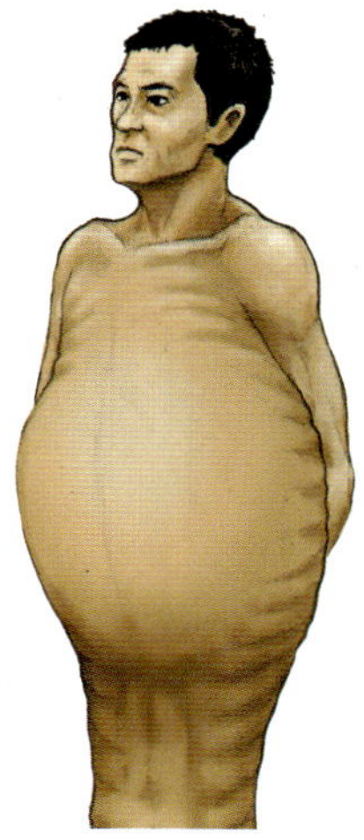

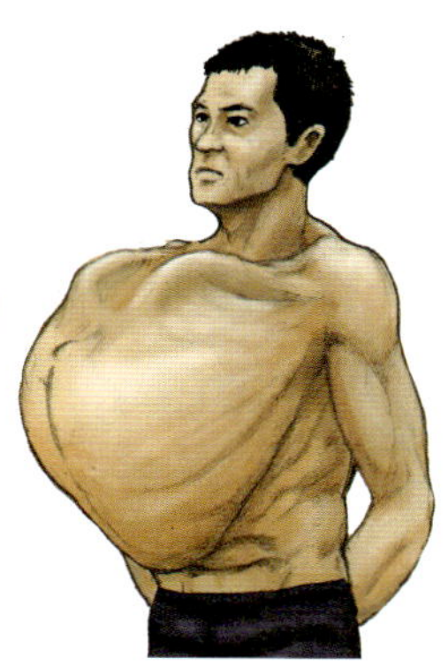

飛行・軽量化

骨が重くなるのを嫌い、肋骨を横に伸ばし、飛行能力を支える骨へと変化

可動できる胸

巨大なエサを丸呑みするため、自由に広げられるように変化。移動にも役立つ

羽ばたく筋肉の支え

羽ばたく筋肉を支えるため胸骨から大きな突起が出ている

ヒトの胸郭　胸まわりの骨がカゴ状になり臓器を守る

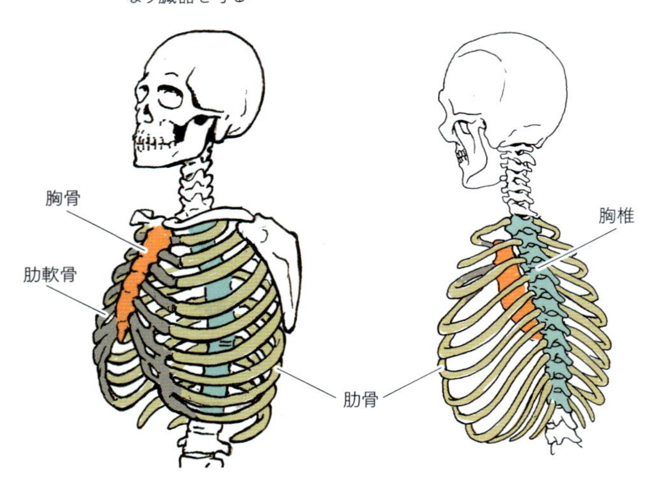

臓器を守る

ヒトは胸部に肋骨があります。肋骨は背骨の胸椎（きょうつい）から伸びて、胸側にまわり込み、胸骨で連結して、ひとつのカゴのようになっています。これを「胸郭」といいます。頭蓋骨が脳を包み込んで守っているように、胸郭は心臓や肺などを包んでいます。ただ、脳とは異なり、肺は呼吸時に膨らんだり、縮んだりするため、胸郭はそれに合わせるようにある程度の可動性が必要となってきます。それを可能にしているのが、胸側の肋骨「肋軟骨」で、肋軟骨は柔らかい骨で胸骨と肋骨をしなやかに連結させています。そのため胸郭をある程度、膨らませたり、へこませたりでき、呼吸時の肺の伸縮の助けとなっています。

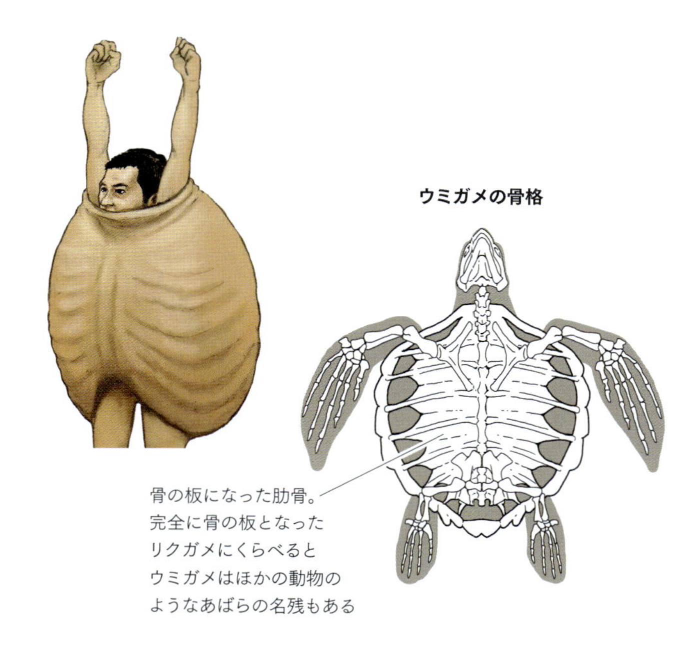

全身を守る

ヒトの肋骨は曲がった細長い棒状の骨ですが、カメの肋骨は背骨と融合し、横方向へ伸び、扁平（へんぺい）な形になってひろがり、前後にとなりあう肋骨としっかりかみあうようにつながっています。これによって全体が一枚の大きな骨板になって、カメの背甲（はいこう）（背中側の甲羅）を形づくる土台となっています。またカメの腹甲（ふくこう）（腹側の甲羅）は胸骨と肋軟骨（ろくなんこつ）が板状にひろがってできていると考えられ、胸郭が体全体を覆う甲羅になっています。このようにカメの甲羅となった胸郭は可動性を失い、肋骨の運動による活発な呼吸ができませんが、自分の身を守る頑丈な装甲になりました。

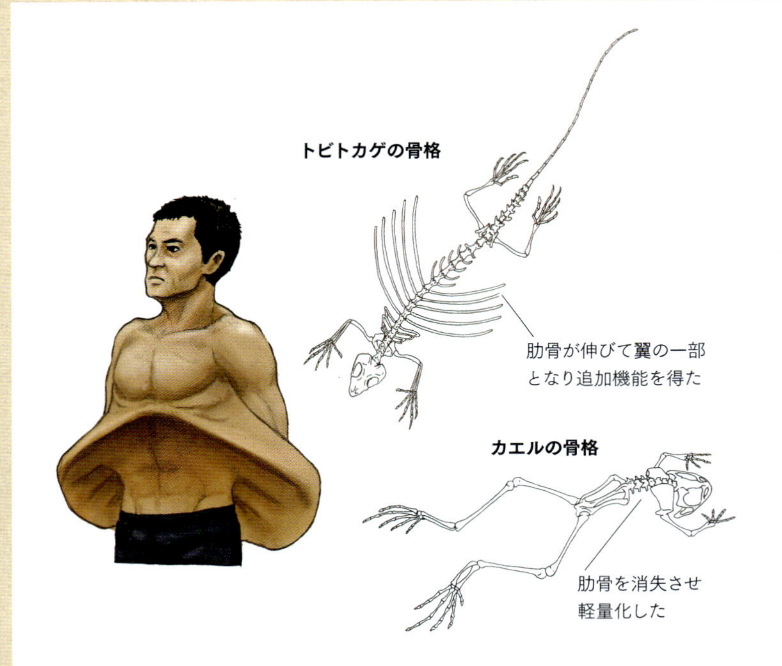

飛行・軽量化

肋骨は肺や心臓などを包み、外部からの衝撃から守る役割をするほか、呼吸時に肺を動かす筋肉を支える役割もしますが、肋骨に追加の機能をくわえた動物がいます。それがトビトカゲです。トビトカゲは肋骨の一部を大きく横へ開いて伸長し、それらの間に皮膜を張って、滑空するための翼をつくっています。それとは逆に肋骨をなくしたのがカエルです。ジャンプした着地時の衝撃を逃がすために、肋骨を捨てて、胴体を柔らかくしましたが、肋骨がないため、呼吸時に胸部筋肉が機能しなくなりました。代わりにノドを膨らませたりして、鼻孔から息を吸いあげ、肺に空気を送り込んでいます。

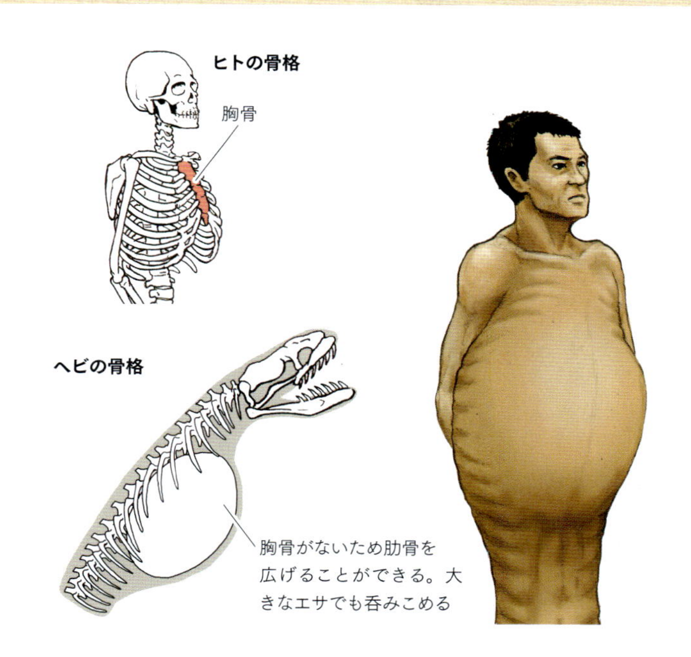

可動できる胸

ヘビの体は細長いにもかかわらず、自分の体より太く大きいものを呑みこみ、体の中へ通すことができます。他の動物の胸郭のように背骨と肋骨、胸骨で連結して閉じた状態では、ヘビのように大きなものを呑みこんで体の中を通すことはできません。ヘビは胸骨を失くしたことで、肋骨が閉じた状態から解放されて、呑みこんだものの大きさに合わせて肋骨を左右へ広げることができるようになりました。また、この肋骨を動かし、凹凸のある体の表面を地面にひっかけることで移動します。そのため肋骨は、手足のないヘビにとって移動のための重要な器官にもなっています。

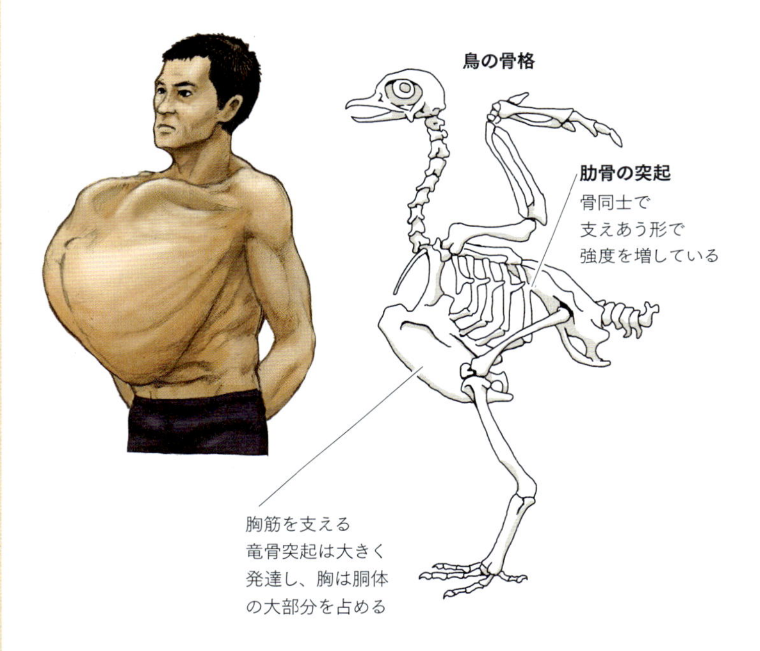

羽ばたく筋肉の支え

空を飛ぶために体を軽くする必要があるので、鳥は、重い骨の中を空洞にしました。その分、強度が落ちますが、骨と骨を連結させたり、融合させたりすることで強度を確保しました。胸郭にもそれがみられ、肋骨には後方に伸びる突起があり、後ろの肋骨と連結し、肋骨と連結している脊骨(せきこつ)も骨盤と融合して、頑丈さを高めています。一方、翼を羽ばたかせる胸筋だけは羽ばたきのために削ることができません。そこで、この発達した胸筋を支えるのが胸骨から伸びる大きな突起、「竜骨突起」で、胸郭の大部分を占めています。発達した胸筋とそれを支える竜骨突起で鳥の胸はたいへん大きく盛り上がっています。

胸部の比較まとめ

胸部も、カメのように装甲にするものや、胸郭の一部を翼に変えたトビトカゲなどさまざまなバリエーションをみせています。

肋骨や背骨、胸骨からなる胸郭は、肺を包む骨のカゴのようなもので、肺を保護する役目もありますが、呼吸に大きく関わっています。胸郭は硬い骨でできたカゴとはいえ、弾力があり、広げたり、縮めたりといった可動性があり、それによって肺を伸縮させて呼吸することができます。

一方で、胸部をカゴ状にするどころか、骨ごとなくしてしまったカエルやヘビのような動物もいます。これらの動物は、肺を伸縮させることはできませんが、その代わりに、軽量化や可動式のあばらなど別のメリットを得ているのです。このように、どの機能を得て、どの機能を捨てるのかという取捨選択は、その動物の生活環境に応じて、変化しているのです。

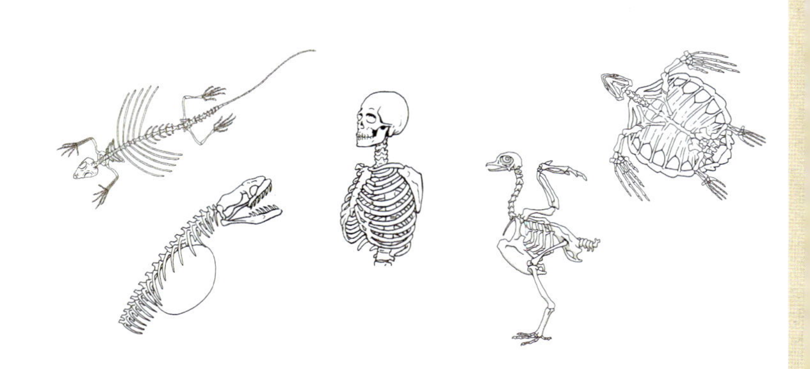

Column.5 ツノ

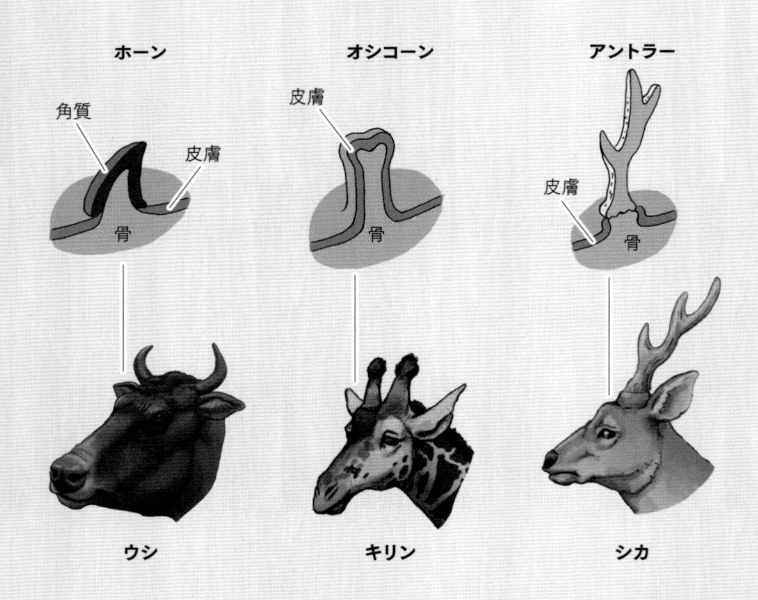

哺乳類のツノの種類

哺乳類には、頭にツノを持ったものが多くいます。ツノの形はさまざまですが、ツノの構造にも違いがあります。ウシのツノは「ホーン」とよばれ、頭骨から伸びた骨が角質(かくしつ)の鞘(さや)で覆われています。キリンのツノは「オシコーン」とよばれ、ウシのホーンと同じく骨が伸びたものですが、角質ではなく、皮膚で覆われています。シカのツノ、「アントラー」は、キリンのツノと同じく、骨が皮膚で覆われたものですが、骨の成長とともに、皮膚がはがれ、枝分かれしていきます。アントラーは、ホーンやオシコーンと異なり、一年で抜け落ちて毎年生え変わるのが特徴です。

おわりに

いかがでしたでしょうか。本書は人間の体を他の動物に変化させるテーマで制作してきました。動物は進化の過程で、体をさまざまな形に変化させていきました。人間も他の動物も進化の過程でたどった道が違うので、体の形も違ってくるのは当然といえば、当然です。力押しで人間の体を他の動物に変化させましたから、妙なものになってしまいました。「気持ち悪い……」「怖い……」など思われた方も多いと思いますが、動物の体のことが直感的に伝わったのではないかと私は思っています。

さて、人間は遠い未来、さらなる進化で本書のような気持ち悪い姿になったりすることはあるのでしょうか。答えは「ノー」と私は考えています。人間は高度な社会を持っており、人間どうしが協力し合って、自分に都合の良い快適な環境をつくりだす動物だからです。地球のどの生物も生息できないような宇宙空間ですらもスペースコロニーをつくって、その中の快適空間で生活するという未来もあるでしょう。つまり自然環境が変化しても、それに合わせて肉体を変化させ適応する必要がないというわけです。

最後になりましたが、本書の執筆にあたり、担当編集の北村耕太郎さんにはタイトなスケジュールのなか、早急に構成案の作成や、資料の提供などいろいろサポートしていただきました。ありがとうございました。

2019 年 11 月　川崎悟司

おもな参考文献

『骨格百科スケルトン　その凄い形と機能』
アンドリュー・カーク著　布施英利監修　和田侑子訳（グラフィック社）

『骨から見る生物の進化』
ジャン＝バティスト・ド・パナフィユー著　小畠郁生監修　吉田春美訳（河出書房新社）

『絶滅哺乳類図鑑』冨田幸光著（丸善）

『講談社の動く図鑑MOVE　動物』（講談社）

『講談社の動く図鑑MOVE　鳥』（講談社）

『講談社の動く図鑑MOVE　は虫類・両生類』（講談社）

『恐竜はなぜ鳥に進化したのか』ピーター・D・ウォード著　垂水雄二訳（文藝春秋）

『クジラは昔　陸を歩いていた』大隅清治著（PHP研究所）

『「生命」とは何か　いかに進化してきたのか』ニュートン別冊（ニュートンプレス）

『地球大図鑑』ジェームス・F・ルール編（ネコ・パブリッシング）

『生物の謎と進化論を楽しむ本』中原英臣著　佐川峻著（PHP研究所）

『絶滅動物データファイル』今泉忠明著（祥伝社黄金文庫）

『絶滅した哺乳類たち』冨田幸光著（丸善）

『絶滅巨大獣の百科』今泉忠明著（データハウス）

『謎と不思議の生物史』金子隆一著（同文書院）

『特別展　生命大躍進　脊椎動物のたどった道』
（国立科学博物館、NHK、NHKプロモーション）

『生物ミステリープロ　石炭紀・ペルム紀の生物』土屋健著（技術評論社）

『生物ミステリープロ　三畳紀の生物』土屋健著（技術評論社）

『生物ミステリープロ　ジュラ紀の生物』土屋健著（技術評論社）

『生物ミステリープロ　白亜紀の生物　上巻』土屋健著（技術評論社）

『生物ミステリープロ　白亜紀の生物　下巻』土屋健著（技術評論社）

『謎の絶滅動物たち』北村雄一著（大和書房）

『ニュートン別冊　動物の不思議　生物の世界はなぞに満ちている』（ニュートンプレス）

『大哺乳類展2　みんなの生き残り作戦』
（国立科学博物館、朝日新聞社、TBS、BS-TBS）

『ペンギンはなぜ飛ばないのか？　海を選んだ鳥たちの姿』綿貫豊著（恒星社厚生閣）

『系統樹をさかのぼって見えてくる進化の歴史』長谷川政美著（ベレ出版）

『ペンギンの本』エディング編（日販アイ・ピー・エス）

ほか

著者・イラスト

川崎悟司（かわさきさとし）

1973年、大阪府生まれ。古生物、恐竜、動物をこよなく愛する古生物研究家。2001年、趣味で描いていた生物のイラストを、時代・地域別に収録したウェブサイト「古世界の住人」を開設以来、個性的で今にも動き出しそうな古生物たちのイラストに人気が高まる。現在、古生物イラストレーターとしても活躍中。主な著書に『絶滅した奇妙な動物』『絶滅した奇妙な動物2』（以上、ブックマン社）、『ウマは1本の指で立っている！くらべる骨格 動物図鑑』（新星出版社）などがある。

SBビジュアル新書 0015

カメの甲羅はあばら骨
～人体で表す動物図鑑～

2019年12月15日　初版第1刷発行
2020年 4 月10日　初版第6刷発行

著　者　川崎悟司（かわさきさとし）

発行者　小川　淳

発行所　SBクリエイティブ株式会社
〒106-0032東京都港区六本木2-4-5
営業03(5549)1201

装　幀　Q.design(別府 拓)

組　版　G.B.Design House

校　正　鴎来堂

編　集　北村耕太郎

印刷・製本　株式会社シナノ パブリッシング プレス

本書をお読みになったご意見・ご感想を下記URL、QRコードよりお寄せください。

https://isbn2.sbcr.jp/04127/

ISBN978-4-8156-0412-7